Photoshop CC

图像编辑/调色/人像/抠图/修图/特效/合成
（微课版）

李军　江玉珍　编著

清华大学出版社

北京

内 容 简 介

本书是"微课堂学电脑"系列丛书的一个分册，以通俗易懂的语言、精挑细选的实用技巧、翔实生动的操作案例，介绍了Photoshop基础操作、创建与应用图层、修饰图像的基本操作、调整图像色彩、图像修饰与修图等方面的知识、技巧及应用案例。

本书适用于广大Photoshop初学者、摄影爱好者、网店从业人员，以及从事平面设计、网页设计、图像处理、影楼后期工作的人员学习，同时也可作为高等院校专业课教材和培训机构的辅导教材。

图书在版编目(CIP)数据

Photoshop CC图像编辑/调色/人像/抠图/修图/特效/合成：微课版 / 李军，江玉珍编著. —北京：清华大学出版社，2020.7

(微课堂学电脑)

ISBN 978-7-302-55973-3

Ⅰ.①P…　Ⅱ.①李…　②江…　Ⅲ.①图像处理软件　Ⅳ.①TP391.413

中国版本图书馆CIP数据核字(2020)第120496号

责任编辑：魏　莹
封面设计：杨玉兰
责任校对：李玉茹
责任印制：丛怀宇
出版发行：清华大学出版社
　　　　　网　　　址：http://www.tup.com.cn, http://www.wqbook.com
　　　　　地　　　址：北京清华大学学研大厦A座　　邮　　编：100084
　　　　　社 总 机：010-62770175　　邮　　购：010-62786544
　　　　　投稿与读者服务：010-62776969, c-service@tup.tsinghua.edu.cn
　　　　　质量反馈：010-62772015, zhiliang@tup.tsinghua.edu.cn
　　　　　课件下载：http://www.tup.com.cn, 010-62791865
印 装 者：三河市龙大印装有限公司
经　　销：全国新华书店
开　　本：185mm×260mm　　印　张：19　　字　　数：456千字
版　　次：2020年9月第1版　　印　　次：2020年9月第1次印刷
定　　价：89.00元

产品编号：086288-01

丛书序

"微课堂学电脑"系列丛书立足于"全新的阅读与学习体验",整合电脑和手机同步视频课程推送功能,提供了全程学习与工作技术指导服务,汲取了同类图书作品的成功经验,帮助读者从图书开始学习基础知识,进而通过微信公众号和互联网站进一步深入学习与提高。

我们力争打造一个线上和线下互动交流的立体化学习模式,为您量身定做一套完美的学习方案,为您奉上一道丰盛的学习盛宴!创造一个全方位多媒体互动的全景学习模式,是我们一直以来的心愿,也是我们不懈追求的动力,愿我们为您奉献的图书和视频课程可以成为您步入神奇电脑世界的钥匙,并祝您在最短时间内能够学有所成、学以致用。

▶▶ 这是一套与众不同的丛书

"微课堂学电脑"系列丛书汇聚作者20年技术之精华,是读者学习电脑知识的新起点,是您迈向成功的第一步!本系列丛书涵盖电脑应用各个领域,为各类初、中级读者提供全面的学习与交流平台,适合学习电脑操作的初、中级读者,也可作为大中专院校、各类电脑培训班的教材。热切希望通过我们的努力能满足读者的需求,不断提高我们的服务水平,进而达到与读者共同学习、共同提高的目的。

- ▶ 全新的阅读模式:看起来不累,学起来不烦琐,用起来更简单。
- ▶ 进阶式学习体验:基础知识+专题课堂+实践经验与技巧+有问必答。
- ▶ 多样化学习方式:看书学、上网学、用手机自学。
- ▶ 全方位技术指导:PC网站+手机网站+微信公众号+QQ群交流。
- ▶ 多元化知识拓展:免费赠送配套视频教学课程、素材文件、PPT课件。
- ▶ 一站式VIP服务:在官方网站免费学习各类技术文章和更多的视频课程。

▶▶ 全新的阅读与学习体验

我们秉承"打造最优秀的图书、制作最优秀的电脑学习软件、提供最完善的学习与工作指导"的原则,在本系列图书编写过程中,聘请电脑操作与教学经验丰富的教师和来自工作一线的技术骨干倾力合作编著,为您系统化地学习和掌握相关知识与技术奠定扎实的基础。

1. 循序渐进的高效学习模式

本套图书特别注重读者学习习惯和实践工作应用,针对图书的内容与知识点,设计了更加贴近读者学习的教学模式,采用"基础知识学习+专题课堂+实践经验与技巧+有问必答"的教学模式,帮助读者从初步了解到掌握再到实践应用,循序渐进地成为电脑应用高手与行业精英。

2. 简洁明了的教学体例

为便于读者学习和阅读本书，我们聘请专业的图书排版与设计师，根据读者的阅读习惯，精心设计了赏心悦目的版式，全书图案精美、布局美观。在编写图书的过程中，注重内容起点低、操作上手快、讲解言简意赅，读者不需要复杂的思考，即可快速掌握所学的知识与内容。同时针对知识点及各个知识板块的衔接，科学地划分章节，知识点分布由浅入深，符合读者循序渐进与逐步提高的学习习惯，从而使学习达到事半功倍的效果。

(1) 本章要点：以言简意赅的语言，清晰地表述了本章即将介绍的知识点，读者可以有目的地学习与掌握相关知识。

(2) 基础知识：主要讲解本章的基础知识、应用案例和具体知识点。读者可以在大量的实践案例练习中，不断提高操作技能和积累经验。

(3) 专题课堂：对于软件功能和实际操作应用比较复杂的知识，或者难以理解的内容，进行更为详尽的讲解，帮助读者拓展、提高与掌握更多的技巧。

(4) 实践经验与技巧：主要介绍的内容为与本章内容相关的实践操作经验及技巧，读者通过学习，可以不断提高自己的实践操作能力和水平。

▷▷ 图书产品和读者对象

"微课堂学电脑"系列丛书涵盖电脑应用各个领域，为各类初、中级读者提供了全面的学习与交流平台，帮助读者轻松实现对电脑技能的了解、掌握和提高。本系列图书具体书目如下：

- ▷ 《Adobe Audition CS6音频编辑入门与应用》
- ▷ 《计算机组装·维护与故障排除》
- ▷ 《After Effects CC入门与应用》
- ▷ 《Premiere CC视频编辑入门与应用》
- ▷ 《Flash CC中文版动画设计与制作》
- ▷ 《Excel 2013电子表格处理》
- ▷ 《Excel 2013公式·函数与数据分析》
- ▷ 《Dreamweaver CC中文版网页设计与制作》
- ▷ 《AutoCAD 2016中文版入门与应用》
- ▷ 《电脑入门与应用(Windows 7+Office 2013版)》
- ▷ 《Photoshop CC中文版图像处理》
- ▷ 《Word·Excel·PowerPoint 2013三合一高效办公应用》
- ▷ 《淘宝开店·装修·管理与推广》
- ▷ 《计算机常用工具软件入门与应用》
- ▷ 《会声会影视频编辑与后期制作(微课版)》
- ▷ 《Photoshop CC图像编辑/调色/人像/抠图/修图/特效/合成（微课版）》

▶▶ 完善的售后服务与技术支持

为了帮助您顺利学习、高效就业，如果您在学习与工作中遇到疑难问题，欢迎与我们及时交流与沟通，我们将全程免费答疑。希望我们的工作能够让您更加满意，希望我们的指导能够为您带来更大的收获，希望我们可以成为志同道合的朋友！

我们为读者准备了与本书相关的配套视频课程、学习素材、PPT课件资源和在线学习资源，敬请访问作者官方网站"文杰书院"免费获取。

最后，感谢您对本系列图书的支持，我们将再接再厉，努力为读者奉献更加优秀的图书。衷心地祝愿您能早日成为电脑高手！

编　者

前言

  Adobe Photoshop是目前比较优秀的平面设计软件之一，广泛应用于广告设计、图像处理、数码摄影、图形制作、影像编辑和建筑效果图设计等诸多领域。

  本书从基础概念、原理入手，详细介绍使用Photoshop CC调色、抠图、美化人像、制作特效以及合成图片的相关知识。书中通过大量具有代表性的案例，深入剖析各种制图技术与技巧。此外，本书还阐述了其他Photoshop的核心功能，如图层、混合模式、蒙版、通道等。

一、从本书能学到什么

  本书为读者快速地掌握Photoshop提供了一个崭新的学习与实践平台，无论是基础知识安排还是实践应用能力的训练，都充分地考虑了读者的需求，使读者快速达到理论知识与应用能力的同步提高。本书在编写过程中根据读者的学习习惯，采用由浅入深、由易到难的方式讲解。读者可以通过扫描二维码获取配套的多媒体视频课程。全书结构清晰，内容丰富，主要包括以下5个方面的内容。

1. 基础入门

  第1~3章，分别介绍了Photoshop基础操作、创建与应用图层以及修饰图像的基本操作等方面的知识。

2. 图像调色

  第4~5章，全面介绍了调整图像色彩、图像修饰与修图方面的知识与技巧。

3. 图像抠图

  第6~7章，详细介绍了图像抠图基础操作、图像抠图高级进阶等方面的方法与技巧。

4. 图像特效与合成

  第8~9章，详细讲解了图像特效设计与制作、图像效果合成方面的知识。

5. 综合案例

  第10章，通过一个完整的综合案例的制作，对所有知识点进行巩固与提高。

二、如何获取本书的学习资源

  为帮助读者高效、快捷地学习本书知识点，我们不但为读者准备了与本书知识点有关的配套素材文件，而且还设计并制作了精品视频教学课程，同时还为教师准备了PPT课件资源。购买本书的读者，可以通过以下途径获取相关的配套学习资源。

1. 从清华大学出版社官方网站直接下载

读者可以使用电脑网络浏览器，打开清华大学出版社官方网站，搜索本书书名，在打开的本书专属服务网页中免费下载本书PPT课件资源和素材文件。

2. 扫描书中二维码获取

通过扫描本书中的二维码可以直接获取配书视频课程。读者在学习本书过程中，使用手机微信的"扫一扫"功能，扫描本书标题左下角的二维码，在打开的视频播放页面中可以在线观看视频课程，也可以下载并保存到手机中离线观看。

本书由文杰书院组织编写，参与本书编写工作的有李军、广东岭南职业技术学院江玉珍老师、袁帅、文雪、李强、高桂华、蔺丹、张艳玲、李统财、安国英、贾亚军、蔺影、李伟、冯臣、宋艳辉等。我们真切希望读者在阅读本书之后，可以开阔视野，增长实践操作技能，并从中学习和总结操作的经验与规律，达到灵活运用的水平。

鉴于编者水平有限，书中纰漏和考虑不周之处在所难免，热忱欢迎读者予以批评、指正，以便我们日后能为您编写更好的图书。

编　者

目录

第1章

绪　论

本章要点

- 图像文件基本操作
- Photoshop 常用工具
- Photoshop 的辅助工具
- 撤销和还原操作

本章主要内容

　　本章主要介绍图像文件基本操作、Photoshop 常用工具、Photoshop 的辅助工具和撤销及还原操作方面的知识与技巧；在本章的最后还针对实际的工作需求，讲解创建自定义工作区、优化界面选项和恢复图像初始状态的方法。通过本章的学习，读者可以掌握 Photoshop 基础操作方面的知识，为深入学习 Photoshop CC 知识奠定基础。

Photoshop CC 图像编辑/调色/人像/抠图/修图/特效/合成（微课版）

Section 1.1 图像文件基本操作

　　Photoshop 作为一款强大的图像处理软件，不仅能对原有的图像进行加工处理，还能制作出新的图像。在使用 Photoshop 开始创作之前，需要先了解该软件的一些常用操作，如新建图像文件、打开图像文件、保存图像文件等。

1.1.1　新建图像文件

微课堂

　　新建图像文件是使用Photoshop进行设计的第一步，下面详细介绍创建图像文件的操作方法。

操作步骤 >> Step by Step

第1步　启动Photoshop程序，**1.** 单击【文件】菜单，**2.** 选择【新建】菜单项，如图 1-1 所示。

第2步　弹出【新建】对话框，**1.** 设置各选项，**2.** 单击【确定】按钮，如图 1-2 所示。

图1-1

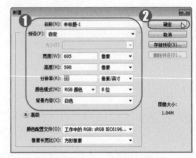

图1-2

第3步　完成建立图像文件的操作，如图 1-3 所示。

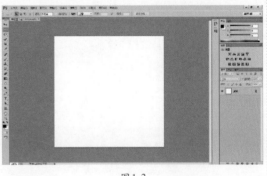

图1-3

微课堂

1.1.2　打开图像文件

在Photoshop中经常需要打开一个或多个图像文件进行编辑和修改，它可以打开多种文件格式，也可以同时打开多个文件。下面介绍打开图像文件的方法。

操作步骤 >> Step by Step

第1步　启动 Photoshop 程序，**1.**单击【文件】菜单，**2.**选择【打开】菜单项，如图 1-4 所示。

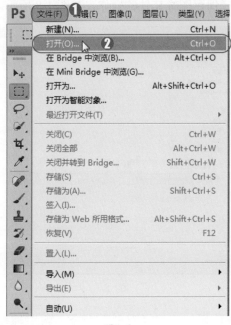

图1-4

第2步　弹出【打开】对话框，**1.**选择图片所在位置，**2.**选中图片，**3.**单击【打开】按钮，如图 1-5 所示。

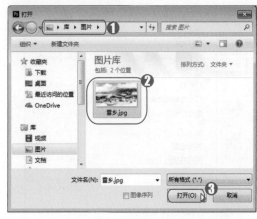

图1-5

第3步　完成打开图像文件的操作，如图 1-6 所示。

图1-6

⊙ 知识拓展

除了使用【文件】菜单打开图像文件外，还可以按 Ctrl+O 组合键来快速调出【打开】对话框。如果要打开一组连续的文件，可以在【打开】对话框中选中第一个文件，按住 Shift 键的同时再选择最后一个要打开的文件；如果要打开一组不连续的文件，可以选中第一个文件，按住 Ctrl 键的同时选择其他文件，单击【打开】按钮。

Photoshop CC 图像编辑/调色/人像/抠图/修图/特效/合成（微课版）

1.1.3　保存图像文件

　　编辑和制作完图像后，需要将图像进行保存，以便于下次打开继续操作。下面介绍保存图像的方法。

操作步骤　>> Step by Step

第1步　在 Photoshop 程序中，**1.**单击【文件】菜单，**2.**选择【存储】菜单项，如图 1-7 所示。

第2步　弹出【另存为】对话框，**1.**选择图片所在位置，**2.**在【文件名】下拉列表框中输入名称，**3.**单击【保存】按钮即可完成保存图像文件的操作，如图 1-8 所示。

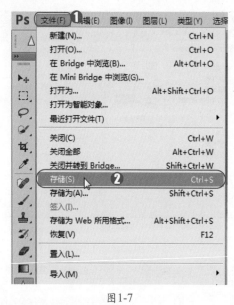

图 1-7

图 1-8

　　当对已经存储过的图像文件进行各种编辑操作后，选择【存储】命令，将不再弹出【另存为】对话框，计算机直接保存最终确认的结果，并覆盖原始文件。

1.1.4　关闭图像文件

　　将图像保存后，可以将其关闭，执行【文件】→【关闭】命令，或者按Ctrl+W组合键，可以关闭文件，如图1-9所示。

　　关闭图像时，若当前文件被修改过或是新建文件，则会弹出提示框，如图1-10所示，单击【是】按钮则可以存储并关闭图像。

　　执行【文件】→【关闭全部】命令，或者按Alt+Ctrl+W组合键，可以关闭打开的多个文件。

　　执行【文件】→【退出】命令，或者按Ctrl+Q组合键，或者单击程序窗口右上角的【关闭】按钮，可以关闭文件并退出Photoshop。

图1-9

图1-10

Photoshop 常用工具

工具箱位于 Photoshop 工作界面的左侧，Photoshop 的常用工具包括移动工具、缩放工具、抓手工具、设置前景色和背景色按钮以及吸管工具等。本节将详细介绍 Photoshop 常用工具的使用方法。

1.2.1 移动工具

微课堂

移动工具 位于工具箱的第一组，是比较常用的工具之一。不论是移动同一文件中的图层、选区内的图像，还是将其他文件中的图像拖入当前图像，都需要使用移动工具。

1 在同一文件中移动图像

打开素材文件，如图1-11所示。单击【移动工具】按钮，在图像窗口中拖曳鼠标，如图1-12所示。至合适位置释放鼠标，如图1-13所示。

图1-11

图1-12

图1-13

Photoshop CC 图像编辑/调色/人像/抠图/修图/特效/合成（微课版）

在图像上绘制选区，单击【移动工具】按钮，在选区内单击并拖曳鼠标移动选区中的图像，如图1-14所示，至合适位置释放鼠标，如图1-15所示。

图1-14

图1-15

2 　**在不同文件中移动图像** 　　　　　　　　　　　　　　　　　　　　　>>>

打开两个图像文件，如图1-16所示。将文字图片拖曳到图像窗口中，如图1-17所示。释放鼠标，文字图片被移动到图像窗口中，如图1-18所示。

图1-16

图1-17

图1-18

 知识拓展

锁定的图层是不能够移动的，只有将图层解锁后，才能对其进行移动操作。当使用其他工具对图像进行编辑时，按住 Ctrl 键，可以将工具切换到移动工具。

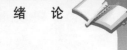

1.2.2 缩放工具

使用Photoshop编辑和处理图像时，可以通过改变图像的显示比例，使工作更便捷、高效。

1 手动缩放图像

打开一张图像，图像以100%的比例显示，如图1-19所示。单击【缩放工具】按钮，图像窗口中的光标变为放大工具图标，在图像上单击鼠标，图像会放大一倍，以200%的比例显示，如图1-20所示。继续单击或按Ctrl++组合键，可以逐次放大图像。

图1-19

图1-20

单击【缩放工具】按钮，图像窗口中的光标变为放大镜图标，按住Alt键不放，光标变为缩小工具图标，在图像上单击鼠标，图像将缩小一级显示，如图1-21所示。按Ctrl+-组合键，图像会再缩小一级。

图1-21

当要放大或缩小一个指定区域时，在需要的区域按住鼠标左键不放，到需要的大小后

Photoshop CC 图像编辑/调色/人像/抠图/修图/特效/合成（微课版）

释放鼠标，选中的区域会放大或缩小显示。取消选中属性栏中的【细微缩放】复选框，可在图像上框选出矩形选区，以将选中的区域放大或缩小。

2　使用属性栏按钮缩放图像　>>>>

在属性栏中单击【适合屏幕】按钮，将图像窗口放大填满整个屏幕，如图1-22所示。

图1-22

单击【填充屏幕】按钮，缩放图像以适合屏幕，如图1-23所示。

图1-23

微课堂

1.2.3 抓手工具

单击【抓手工具】按钮，图像窗口中的鼠标指针变为抓手形状，如图1-24所示，在图像中拖曳鼠标，可以观察图像的每个部分。

图1-24

如果正在使用其他工具进行操作，按住空格键，可以快速切换到抓手工具。

抓手工具与移动工具不同，它移动的只是图片的视图，对图像图层的位置不会有任何影响；而移动工具是移动了图层图像的位置。

1.2.4 前景色和背景色

在Photoshop中，前景色和背景色的设置图标█在工具箱的底部，位于前面的是前景色，位于后面的是背景色。

1 前景色和背景色的应用 >>>

前景色主要用于绘画工具和绘图工具绘制的图形颜色，以及文字工具创建的文字颜色；背景色主要用于橡皮擦擦除的区域颜色，以及加大画布时的背景颜色。

2 修改前景色和背景色 >>>

默认情况下，前景色为黑色，背景色为白色。单击【设置前景色】按钮，弹出【拾色器（前景色）】对话框，如图1-25所示，直接拖曳或在选项中进行设置，然后单击【确定】按钮即可完成前景色的设置。用相同的方法可以设置背景色。

执行【窗口】→【颜色】命令或者按F6键，弹出【颜色】面板，如图1-26所示，左上角的两个色块为【设置前景色】和【设置背景色】按钮，拖曳右侧的滑块或输入需要的数

Photoshop CC 图像编辑/调色/人像/抠图/修图/特效/合成 (微课版)

值，可以修改前景色和背景色。

图1-25 　　　　　　　　　　　　　　　　　图1-26

执行【窗口】→【色板】命令，弹出【色板】面板，在面板中选取需要的色块，如图1-27所示，返回到【颜色】面板，可以看到前景色已经修改，如图1-28所示。单击【设置背景色】按钮，在【色板】面板中选取颜色即可更改背景色。

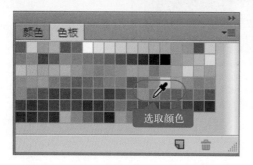

图1-27 　　　　　　　　　　　　　　　　　图1-28

3 切换和恢复前景色和背景色

单击【切换前景色和背景色】按钮或按X键，如图1-29所示，可以切换前景色和背景色。单击【默认前景色和背景色】按钮或按C键，可以恢复为系统默认的颜色，如图1-30所示。

图1-29 　　　　　　　　　　　　　　　　　图1-30

1.2.5 吸管工具

使用吸管工具可以测量图片中某一点或最多4点的颜色值，可以在【信息】面板中进行查看，也可以设置前景色和背景色。

执行【窗口】→【信息】命令，弹出【信息】面板，单击【吸管工具】按钮 ，将鼠标指针移到图片内需要测量的像素点上，该点的颜色值显示在【信息】面板中，如图1-31和图1-32所示。

图1-31

图1-32

Photoshop 的辅助工具

标尺、参考线、网格线和注释工具都属于辅助工具，它们不能用来编辑图像，但却可以帮助用户更好地完成选择、定位或编辑图像的操作，这些工具可以使图像处理更加精确。本节将介绍 Photoshop 常用辅助工具的相关知识。

1.3.1 标尺的设置

标尺可以帮助用户确定图像或元素的位置。

1 显示标尺

在Photoshop中打开一张图像，执行【视图】→【标尺】命令，即可打开标尺，如图1-33和图1-34所示。

Photoshop CC 图像编辑/调色/人像/抠图/修图/特效/合成（微课版）

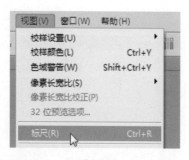

图1-33

图1-34

2　修改原点位置 >>>

在图像窗口中移动鼠标指针，可在标尺中显示光标的精确位置。默认情况下，标尺的原点位置在窗口的左上角。

将光标置于原点处，单击并向右下方拖曳，画面中显示出十字线，将其拖曳到需要的位置，如图1-35所示，释放鼠标将修改原点的位置，如图1-36所示。

图1-35

图1-36

3　修改标尺单位 >>>

在标尺上右击，显示出单位选项，选取需要的单位，可以更改标尺的单位，如图1-37所示。

图1-37

1.3.2　参考线的设置

显示标尺后，就可以为图像添加参考线了。

1　添加参考线

在水平标尺上单击并向下拖曳鼠标，可以拖曳出水平参考线，如图1-38所示。使用相同方法在垂直标尺上拖曳出垂直参考线，如图1-39所示。

图1-38

图1-39

2　移动参考线

单击【移动工具】按钮，将光标置于参考线上，光标变为左右方向的箭头，单击并拖曳至适当位置，可以移动参考线，如图1-40所示。移动水平参考线的方法与移动垂直参考线类似。

图1-40

3 精确添加参考线 >>>

执行【视图】→【新建参考线】命令，弹出【新建参考线】对话框，设置需要的数值，单击【确定】按钮即可精确添加参考线，如图1-41所示。

4 锁定/解锁参考线 >>>

执行【视图】→【锁定参考线】命令或按Ctrl+Alt+;组合键，可以锁定参考线，锁定后的参考线是不能移动的，如图1-42所示；再次执行【视图】→【锁定参考线】命令或按Ctrl+Alt+;组合键，可以解锁参考线。

图1-41

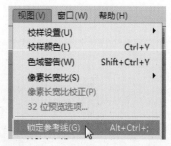

图1-42

Section 1.4 专题课堂——撤销和还原操作

用户在绘制和编辑图像的过程中，经常会错误地执行一个步骤或对制作的一系列效果不满意，当希望恢复到前一步或原来的图像效果时，可以使用撤销和恢复操作命令。本节将详细介绍撤销和还原操作的相关知识。

1.4.1 使用菜单撤销图像操作

在进行图像处理时，如果需要恢复到操作前的状态，可以进行撤销操作。下面介绍使用菜单撤销图像操作的方法。

配套素材路径：配套素材 \ 第 1 章
素材文件名称：采蜜 .jpg

操作步骤 >> Step by Step

第1步 在 Photoshop CC 中，**1.** 单击【文件】菜单，**2.** 选择【打开】菜单项，如图 1-43 所示。

图 1-43

第2步 弹出【打开】对话框，**1.** 选择文件所在位置，**2.** 选中图像文件，**3.** 单击【打开】按钮，如图 1-44 所示。

图 1-44

第3步 打开图像文件，**1.** 单击【滤镜】菜单，**2.** 选择【风格化】菜单项，**3.** 选择【浮雕效果】子菜单项，如图 1-45 所示。

图 1-45

第4步 弹出【浮雕效果】对话框，**1.** 设置【角度】、【高度】和【数量】参数，**2.** 单击【确定】按钮，如图 1-46 所示。

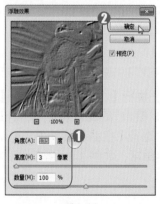

图 1-46

Photoshop CC 图像编辑/调色/人像/抠图/修图/特效/合成（微课版）

第5步 图像添加了滤镜，**1.** 单击【编辑】菜单，**2.** 选择【还原浮雕效果】菜单项，如图 1-47 所示。

第6步 图像恢复到执行浮雕效果前的样子。通过以上步骤即可完成使用菜单撤销图像效果的操作，如图 1-48 所示。

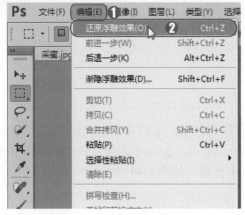

图 1-47

图 1-48

 专家解读

使用【编辑】菜单中的【后退一步】菜单项，可以将当前图像文件中用户近期的操作进行逐步撤销，默认的最大撤销步骤数为 20 步。【编辑】菜单中的【还原】命令，是指将当前修改过的文件撤销用户最后一次执行的操作。

1.4.2 使用面板撤销任意操作

在处理图像时，Photoshop 会自动将已执行的操作记录在【历史记录】面板中，用户可以使用该面板撤销前面所进行的任何操作，还可以在图像处理过程中为当前结果创建快照，并且将当前图像处理结果保存为文件。

 配套素材路径：配套素材 \ 第 1 章
素材文件名称：雪山 .jpg

操作步骤 >> Step by Step

第1步 执行【文件】→【打开】命令，打开名为"雪山"的图像素材，**1.** 单击【滤镜】菜单，**2.** 选择【扭曲】菜单项，**3.** 选择【波浪】子菜单项，如图 1-49 所示。

第2步 弹出【波浪】对话框，**1.** 设置参数，**2.** 单击【确定】按钮，如图 1-50 所示。

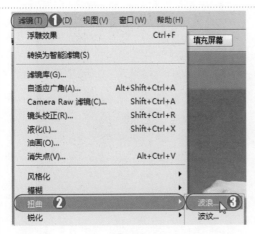

图 1-49

图 1-50

第 3 步　1. 单击【历史记录】按钮，展开【历史记录】面板，2. 选择【打开】选项，如图 1-51 所示。

第 4 步　图像恢复到打开时的状态，如图 1-52 所示。

图 1-51

图 1-52

1.4.3　利用快照还原图像

微课堂

当绘制完重要的效果后，单击【历史记录】面板中的【创建新快照】按钮，即可将画面的当前状态保存为一个快照，可通过快照将图像恢复到快照所记录的效果。

配套素材路径：配套素材 \ 第 1 章
素材文件名称：爱心 .psd

操作步骤 >> Step by Step

第 1 步　执行【文件】→【打开】命令，打开名为"爱心"的图像素材，如图 1-53 所示。

第 2 步　在【图层】面板中选择"图层 1"图层，单击【移动工具】按钮，移动"图层 1"图层的位置，如图 1-54 所示。

Photoshop CC 图像编辑/调色/人像/抠图/修图/特效/合成（微课版）

图1-53

图1-54

第3步 **1.** 在【历史记录】面板中选择【移动】选项，**2.** 按住 Alt 键的同时单击【创建快照】按钮，如图 1-55 所示。

图1-55

第5步 【历史记录】面板中已经创建了"快照1"，选择【爱心 .psd】选项，如图 1-57 所示。

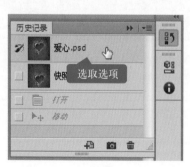

图1-57

第4步 弹出【新建快照】对话框，**1.** 设置名称，**2.** 单击【确定】按钮，如图 1-56 所示。

图1-56

第6步 图像被还原。通过以上步骤即可完成利用快照还原图像的操作，如图 1-58 所示。

图1-58

■ 指点迷津

　　历史记录可以设置的最大步骤数为 1000，最小步骤数为 1。步骤数越多，占用的内存越多，处理图像的速度越慢，越影响工作效率。只有合理设置步骤数，才能使工作更加便捷、快速。

Section 1.5 实践经验与技巧

在本节的学习过程中，将侧重介绍和讲解与本章知识点有关的实践经验及技巧，主要包括创建自定义工作区、优化界面选项、恢复图像初始状态等方面的知识与操作技巧。

1.5.1 创建自定义工作区

创建自定义工作区时可以将经常使用的面板组合在一起，简化工作界面，从而提高工作效率。

操作步骤 >> Step by Step

第1步 启动 Photoshop 程序，**1.**单击【窗口】菜单，**2.**选择【工作区】菜单项，**3.**选择【新建工作区】子菜单项，如图 1-59 所示。

第2步 弹出【新建工作区】对话框，**1.**输入名称，**2.**单击【存储】按钮即可完成自定义工作区的操作，如图 1-60 所示。

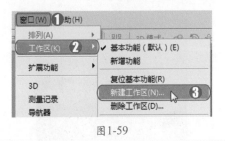

图1-59

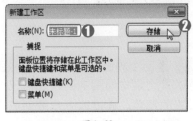

图1-60

1.5.2 优化界面选项

在Photoshop中，可以根据需要优化操作界面，这样不仅可以美化图像编辑窗口，还可以在执行设计操作时更加得心应手。下面介绍优化界面的具体方法。

操作步骤 >> Step by Step

第1步 启动 Photoshop 程序，**1.**单击【编辑】菜单，**2.**选择【首选项】菜单项，**3.**选择【界面】子菜单项，如图 1-61 所示。

第2步 弹出【首选项】对话框，**1.**单击【标准屏幕模式】右侧的下拉按钮，**2.**在弹出的列表中选择【选择自定颜色】选项，如图 1-62 所示。

Photoshop CC 图像编辑/调色/人像/抠图/修图/特效/合成（微课版）

图 1-61

图 1-62

第3步 弹出【拾色器（自定画布颜色）】对话框，*1.* 设置 RGB 数值，*2.* 单击【确定】按钮，如图 1-63 所示。

图 1-63

第4步 返回【首选项】对话框，单击【确定】按钮，如图 1-64 所示。

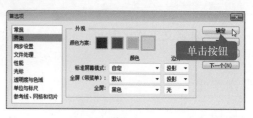

图 1-64

第5步 返回主界面，任意打开一张图像素材，可以看到素材周围的画布颜色已经变为刚刚设置的颜色。通过以上步骤即可完成优化界面设置的操作，如图 1-65 所示。

图 1-65

一点即通

除了可以运用上述方法转换标准屏幕模式颜色外，还可以在编辑窗口的灰色区域内右击，在弹出的快捷菜单中可以根据需要选择【灰色】、【黑色】、【自定】以及【自定颜色】菜单项。

1.5.3 恢复图像初始状态

在 Photoshop 中处理图像时，软件会自动保存大量的中间数据，在这期间如果不做定期处理，就会影响计算机的速度，使之变慢。定期对磁盘进行清理，能加快系统的处理速度，同时也有助于在处理图像时速度的提升。下面介绍从磁盘恢复图像初始状态的方法。

配套素材路径：配套素材 \ 第 1 章
素材文件名称：街道 .jpg

操作步骤 >> Step by Step

第1步 执行【文件】→【打开】命令，打开名为"街道"的图像素材，**1.** 单击【图像】菜单，**2.** 选择【图像旋转】菜单项，**3.** 选择【垂直翻转画布】子菜单项，如图 1-66 所示。

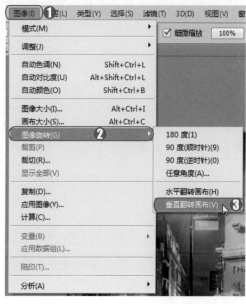

图1-66

第2步 图像已经被垂直翻转，**1.** 单击【文件】菜单，**2.** 选择【恢复】菜单项，如图 1-67 所示。

图1-67

第3步 图像已经恢复，**1.** 单击【编辑】菜单，**2.** 选择【清理】菜单项，**3.** 选择【剪贴板】子菜单项，如图 1-68 所示。

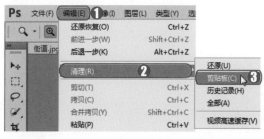

图1-68

第4步 弹出 Adobe Photoshop CC 对话框，单击【确定】按钮即可完成恢复图像初始状态的操作，如图 1-69 所示。

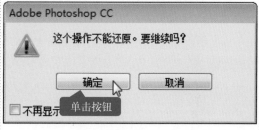

图1-69

Photoshop CC 图像编辑/调色/人像/抠图/修图/特效/合成（微课版）

思考与练习

通过本章的学习，读者可以掌握Photoshop基本知识以及一些常见的操作方法，本节将针对本章知识点进行相关知识测试，以达到巩固与提高的目的。

一、填空题

1. 将图像保存后，可以将其关闭，执行_____→_____命令，或者按Ctrl+_____组合键，可以关闭文件。

2. 执行_____→_____命令，或者按Ctrl+_____组合键，或者单击程序窗口右上角的【关闭】按钮，可以关闭文件并退出Photoshop。

二、判断题

1. 执行【文件】→【关闭全部】命令，或者按Alt+Ctrl+Q组合键，可以关闭打开的多个文件。

2. 锁定的图层是不能够移动的，只有将图层解锁后，才能对其进行移动。当使用其他工具对图像进行编辑时，按住Ctrl键，可以将工具切换到移动工具。

三、思考题

1. 在Photoshop CC中如何创建图像文件？

2. 在Photoshop CC中如何显示标尺？

第2章

创建与应用图层

本章要点
- ◎ 图层基础
- ◎ 创建图层
- ◎ 图层操作
- ◎ 对齐与分布图层
- ◎ 图层样式

本章主要内容

本章主要介绍图层基础、创建图层、图层操作、对齐与分布图层和图层样式方面的知识及技巧；在本章的最后还针对实际的工作需求，讲解更改图层样式、图层组的嵌套和拼合图像的方法。通过本章的学习，读者可以掌握创建与应用图层方面的知识，为深入学习 Photoshop CC 知识奠定基础。

Photoshop CC 图像编辑/调色/人像/抠图/修图/特效/合成（微课版）

Section 2.1 图层基础

　　在 Photoshop 中，图层几乎承载了所有的编辑操作，因而图层的功能很强大，如图层样式、混合模式、蒙版、滤镜、文字、3D 和调色命令等都依托于图层而存在。本节将详细介绍图层基础知识的相关内容。

2.1.1 图层的概念与原理 　微课堂

　　从管理图像的角度来看，图层就像是保管图像的"文件夹"；从图像合成的角度来看，图层就如同堆叠在一起的透明纸。每一张纸（图层）上都保存着不同的图像，用户可以透过上面图层的透明区域看到下面图层中的图像。

　　各个图层中的对象都可以单独处理，而不会影响其他图层中的内容，图层可以移动，也可以调整堆叠顺序。

　　在编辑图层前，首先应在【图层】面板中单击所需图层，将其选中，所选图层被称为"当前图层"。绘画、颜色和色调调整都只能在一个图层中进行，而移动、对齐或应用【样式】面板中的样式时，可以一次处理所选的多个图层。

2.1.2 【图层】面板 　微课堂

　　【图层】面板用于创建、编辑和管理图层，以及为图层添加样式。面板中列出了文档中包含的所有图层、图层组和图层效果，如图2-1所示。

　　单击【图层】面板上的【菜单】按钮，即可显示图层面板菜单，如图2-2所示。

> ➤ 【选取图层类型】下拉按钮 ：当图层数量较多时，可在该选项下拉列表中选择一种图层类型（包括名称、效果、模式、属性和颜色），让【图层】面板只显示此类图层，隐藏其他类型的图层。

> ➤ 【打开/关闭图层过滤】按钮：单击该按钮，可以启用或停用图层过滤功能。

> ➤ 【设置图层混合模式】下拉按钮 穿透 ：用来设置当前图层的混合模式，使之与下面的图像产生混合。

> ➤ 【设置图层不透明度】下拉按钮 不透明度：100% ▾ ：用来设置当前图层的不透明度，使之呈现透明状态，让下面图层中的图像内容显示出来。

> ➤ 【设置填充不透明度】下拉按钮 填充：100% ▾ ：用来设置当前图层的填充不透明度，它与图层不透明度类似，但不会影响图层效果。

> ➤ 【图层锁定】按钮组 ：用来锁定当前图层的属性，使其不可编

辑，包括透明度▨、图像像素✐、位置✥和锁定全部属性🔒按钮。

图2-1

图2-2

➢ 【眼睛图标】按钮 👁：有该图标的图层为可见图层，单击它可以隐藏图层。隐藏的图层不能进行编辑。

➢ 【图层缩览图】▨：用于显示图层中包含的图像内容，缩览图中的棋盘格代表了图像的透明区域。

➢ 【链接图层】按钮 🔗：在图层上显示图标时，表示图层与图层之间是链接图层，在编辑图层时可以同时进行编辑。

➢ 【添加图层样式】按钮 𝒇𝒙：单击该按钮，从弹出的菜单中选择相应选项，可以为当前图层添加图层样式效果。

➢ 【添加图层蒙版】按钮 ▣：单击该按钮，可以为当前图层添加图层蒙版效果。

➢ 【创建新的填充或调整图层】按钮 ◑：单击该按钮，从弹出的菜单中选择相应选项，可以创建新的填充图层或调整图层。

➢ 【创建新组】按钮 📁：单击该按钮，可以创建新的图层组。可以将多个图层归为一个组，这个组可以在不需要操作时折叠起来。无论组中有多少个图层，折叠后只占用相当于一个图层的控件，方便管理图层。

➢ 【创建新图层】按钮 🗔：单击该按钮可以创建一个图层。

➢ 【删除图层】按钮 🗑：单击该按钮，可以删除当前图层。

知识拓展

鼠标右键单击图层缩览图，在弹出的快捷菜单中可以调整缩览图的大小，其中包括【无缩览图】、【小缩览图】、【中缩览图】和【大缩览图】4个菜单项。

2.1.3　图层的类型

Photoshop中可以创建多种类型的图层，它们都有各自的功能和用途，在【图层】面板中显示的状态也各不相同。

- ➤ 中性色图层：填充设置了中性色并预设了混合模式的特殊图层，可用于承载滤镜或在上面绘画。
- ➤ 链接图层：保持链接状态的多个图层。
- ➤ 剪贴蒙版：蒙版的一种，可使用一个图层中的图像控制它上面多个图层的显示范围。
- ➤ 智能对象：包含有智能对象的图层。
- ➤ 调整图层：可以调整图像的亮度、色彩平衡等，但不会改变像素值，可以重复编辑。
- ➤ 填充图层：填充了纯色、渐变或图案的特殊图层。
- ➤ 图层蒙版图层：添加了图层蒙版的图层，使用蒙版可以控制图像的显示范围。
- ➤ 矢量蒙版图层：添加了矢量形状的蒙版图层。
- ➤ 图层样式图层：添加了图层样式的图层，通过图层样式可以快速创建特效，如投影、发光和浮雕效果等。
- ➤ 图层组：用来组织和管理图层，以便于查找和编辑图层，类似于Windows的文件夹。
- ➤ 变形文字图层：进行了变形处理后的文字图层。
- ➤ 文字图层：使用文字工具输入文字时创建的图层。
- ➤ 视频图层：包含视频文件帧的图层。
- ➤ 3D图层：包含3D文件或置入的3D文件的图层。
- ➤ 背景图层：新建文档时创建的图层，它始终位于面板的最下层。

Section 2.2　创建图层

在Photoshop中，图层的创建方法有很多种，包括在【图层】面板中创建、在编辑图像的过程中创建、使用菜单创建，等等。本节将详细介绍创建普通图层、创建文字图层、创建形状图层以及创建图层组的方法。

2.2.1 创建普通图层

普通图层是Photoshop最基本的图层，用户在创建和编辑图像时，新建的图层都是普通图层。

操作步骤 >> Step by Step

第1步 打开一幅素材，在【图层】面板中单击【创建新图层】按钮，如图2-3所示。

第2步 通过以上步骤即可完成创建普通图层的操作，如图2-4所示。

图2-3　　　　　　　　　　　　图2-4

知识拓展

除了使用上述方法新建普通图层外，还可以执行【图层】→【新建】→【图层】命令来创建普通图层，或者按 Shift+Ctrl+N 组合键来创建普通图层。

2.2.2 创建文字图层

文字图层是在Photoshop中利用文字工具添加文字后，系统自动生成的图层。

操作步骤 >> Step by Step

第1步 新建文件，单击工具箱中的【文字工具】按钮 **T**，将光标定位在编辑窗口中，使用输入法输入内容，如图2-5所示。

第2步 输入完成后系统将自动生成一个文字图层，如图2-6所示。

Photoshop CC 图像编辑/调色/人像/抠图/修图/特效/合成（微课版）

图2-5

图2-6

| 2.2.3 | 创建形状图层 | 微课堂 |

形状图层是利用形状工具创建相应形状后系统自动生成的图层。

操作步骤 >> Step by Step

第1步 单击工具箱中的【矩形工具】按钮，在图像上单击并拖动鼠标左键，至适当位置释放鼠标左键，绘制一个矩形，如图 2-7 所示。

第2步 系统将自动生成一个形状图层，如图 2-8 所示。

图2-7

图2-8

| 2.2.4 | 创建图层组 | 微课堂 |

在Photoshop中利用图层组管理图层是非常有效的管理多层文件的方法，下面介绍创建图层组的方法。

操作步骤 >> Step by Step

第1步 打开图像素材，在【图层】面板中单击【创建新组】按钮，如图2-9所示。

图2-9

第2步 【图层】面板中已经添加了一个名为"组 1"的空白图层组，用户可以将图层拖曳至该图层组中，如图2-10所示。

图2-10

Section
2.3 # 图层操作

图层的基础操作是常用的操作之一，例如选择图层、复制图层、修改图层名称和颜色、删除图层、调整图层顺序、合并图层、栅格化图层以及设置图层的不透明度等内容。本节将详细介绍图层操作的相关知识。

2.3.1 选择与复制图层

在Photoshop的【图层】面板上，蓝色显示的图层为当前图层，大多数的操作都是针对当前图层进行的，因此对当前图层的选择十分重要。在【图层】面板中单击"图层1"图层，即可选择"图层1"图层，如图2-11所示。

Photoshop CC 图像编辑/调色/人像/抠图/修图/特效/合成（微课版）

图2-11

操作步骤 >> Step by Step

第1步 右击"图层1"图层，在弹出的快捷菜单中选择【复制图层】菜单项，如图2-12所示。

图2-12

第3步 通过以上步骤即可完成复制图层的操作，如图2-14所示。

第2步 弹出【复制图层】对话框，**1.** 在【为】文本框中输入图层名称，**2.** 单击【确定】按钮，如图2-13所示。

图2-13

图2-14

知识拓展

除了使用上述方法复制图层外，还可以拖曳准备复制的图层至【图层】面板底端的【创建新图层】按钮上，然后释放鼠标，即可完成复制图层的操作。

2.3.2 修改图层名称和颜色

在【图层】面板中每个图层都有默认的名称，可以根据需要自定义图层的名称，以利于过程中操作的方便。

双击准备重命名的图层名称，激活文本框，使用输入法输入新名称，输入完成后按Enter键完成输入。通过以上步骤即可完成修改图层名称的操作，如图2-15和图2-16所示。

图2-15

图2-16

右击图层1的缩览图，在弹出的快捷菜单中选择【红色】菜单项，图层1的颜色已经改变，如图2-17和图2-18所示。

图2-17

图2-18

2.3.3 删除图层

在【图层】面板中删除不再需要的图层，可以减小图像文件。选中准备删除的图层1，单击【删除图层】按钮，即可删除图层，如图2-19和图2-20所示。

Photoshop CC 图像编辑/调色/人像/抠图/修图/特效/合成（微课版）

图2-19

图2-20

2.3.4 　　　　**调整图层顺序**

　　在Photoshop的图像文件中，位于上方的图像会将下方的图像遮住，此时，可以通过调整各图层的顺序，改变整幅图像的显示效果。

　　打开一个素材文件，单击并拖曳"图层1"图层至"图层2"图层的下方，即可改变图像的叠放次序，如图2-21和图2-22所示。

图2-21

图2-22

　　可以利用【图层】→【排列】子菜单中的命令来执行改变图层顺序的操作，其中【图层】→【排列】→【置为顶层】命令可将图层置于最顶层，快捷键为Ctrl+Shift+】；【图层】→【排列】→【后移一层】命令将图层下移一层，快捷键为Ctrl+【；【图层】→【排列】→【前移一层】命令将图层上移一层，快捷键为Ctrl+】；【图层】→【排列】→【置为底层】命令可将图层置于最底层，快捷键为Ctrl+Shift+【。

2.3.5 　　　　**合并图层**

　　在编辑图像文件时，经常会创建多个图层，占用的磁盘空间也随之增大，对于没必要分开的图层，可以将它们合并，这样有助于减少图像文件对磁盘空间的占用，同时也可以提高系统的处理速度。

按住Ctrl键选中准备合并的"图层1"和"图层2"，右击选中的图层，在弹出的快捷菜单中选择【合并图层】菜单项，即可完成合并图层的操作，如图2-23和图2-24所示。

图2-23

图2-24

2.3.6 栅格化图层

如果要使用绘图工具和滤镜编辑文字图层、形状图层、矢量蒙版或者智能对象等包含矢量数据的图层，需要先将其栅格化，让图层中的内容转化为光栅图像，然后才能进行相应的编辑。

以栅格化文字图层为例，右击需要进行栅格化处理的图层，在弹出的快捷菜单中选择【栅格化文字】菜单项，即可将图层栅格化，如图2-25所示。需要注意的是，不同种类的图层在栅格化时显示的菜单命令是不同的。

图2-25

2.3.7 设置图层的不透明度

不透明度用于控制图层中所有对象的透明属性，通过设置图层的不透明度，能够使图层主次分明，主体突出。

打开图像素材，选中"图层1"图层，设置【不透明度】为100%，即可调整图层的不透明度，如图2-26和图2-27所示。

Photoshop CC 图像编辑/调色/人像/抠图/修图/特效/合成（微课版）

图2-26

图2-27

2.3.8　链接图层

按住Ctrl键，选择需要链接在一起的图层并右击，在弹出的快捷菜单中选择【链接图层】菜单项，即可将多个图层链接在一起，如图2-28所示。

图2-28

Section 2.4　对齐与分布图层

　　在【图层】面板中，图层是按照创建的先后顺序堆叠排列的，用户可以选择多个图层，将它们对齐，或者按照相同的间距进行分布。本节将详细介绍对齐与分布图层的相关知识和操作方法。

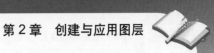

2.4.1 对齐图层

Photoshop提供了6种排列方式，包括顶边、垂直居中、底边、左边、水平居中以及右边。下面以水平居中对齐方式为例，介绍对齐图层的方法。

 配套素材路径：配套素材\第2章
素材文件名称：01.psd、对齐图层.psd

操作步骤 >> Step by Step

第1步 打开名为 01.psd 的素材文件，如图 2-29 所示。

第2步 在【图层】面板中选中"图层2"～"图层5"，*1.* 单击【图层】菜单，*2.* 选择【对齐】菜单项，*3.* 选择【水平居中】子菜单项，如图 2-30 所示。

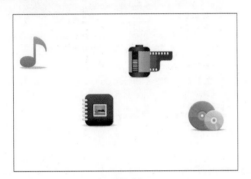

图2-29

第3步 被选中的图层素材已经按照水平居中的方式对齐，如图 2-31 所示。

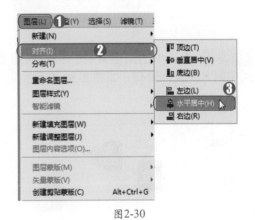

图2-30

■ 指点迷津

水平居中对齐方式是将链接图层水平中心的像素对齐到当前工作图层水平中心的像素或者选区的水平中心，以此方式来排列链接图层的效果。

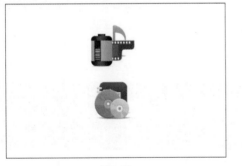

图2-31

2.4.2 分布图层

下面以垂直居中对齐方式为例，介绍分布图层的方法。

Photoshop CC 图像编辑/调色/人像/抠图/修图/特效/合成（微课版）

| 配套素材路径：配套素材 \ 第2章 |
| 素材文件名称：01.psd、分布图层.psd |

操作步骤 >> Step by Step

第1步 打开名为 01.psd 的素材文件，如图 2-32 所示。

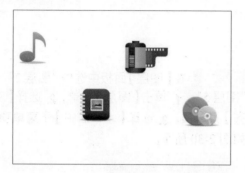

图2-32

第3步 被选中的图层素材已经按照垂直居中的方式进行分布，如图 2-34 所示。

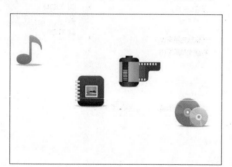

图2-34

第2步 在【图层】面板中选中"图层2"~"图层5"，1. 单击【图层】菜单，2. 选择【分布】菜单项，3. 选择【垂直居中】子菜单项，如图 2-33 所示。

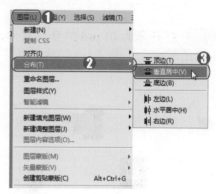

图2-33

■ 指点迷津

　　垂直居中分布方式参照每个图层垂直中心的像素均匀地分布图层。

Section 2.5 专题课堂——图层样式

　　图层样式也叫图层效果，Photoshop 提供了多种图层效果，如斜面和浮雕、描边、投影、内阴影、外发光、内发光、光泽、渐变叠加、颜色叠加、图案叠加。本节将详细介绍设置图层样式的方法。

2.5.1 斜面和浮雕

通过设置"斜面和浮雕"效果可以为图层添加高光与阴影的各种组合形式，使图层内容呈现立体的浮雕效果。

配套素材路径：配套素材 \ 第 2 章	
素材文件名称：02.psd、斜面和浮雕 .psd	

操作步骤 >> Step by Step

第1步 打开名为 02.psd 的素材文件，选中"背景 拷贝"图层，*1.* 单击【图层样式】按钮，*2.* 在弹出的菜单中选择【斜面和浮雕】选项，如图 2-35 所示。

第2步 弹出【图层样式】对话框，*1.* 在【斜面和浮雕】选项组中设置各选项参数，*2.* 单击【确定】按钮，如图 2-36 所示。

图2-35

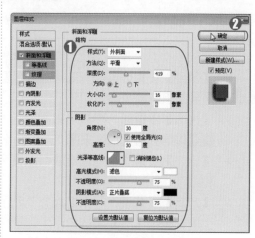

图2-36

第3步 图层已经添加了"斜面和浮雕"图层样式，如图 2-37 所示。

图2-37

"斜面和浮雕"效果的【图层样式】对话框如图2-38所示。

➢ 【样式】下拉列表：在此下拉列表中共有5种模式，分别是内斜面、外斜面、浮雕效果、枕状浮雕和描边浮雕。

➢ 【方法】下拉列表：在此下拉列表中有3个选项，分别是平滑、雕刻清晰和雕刻柔和。

Photoshop CC 图像编辑/调色/人像/抠图/修图/特效/合成（微课版）

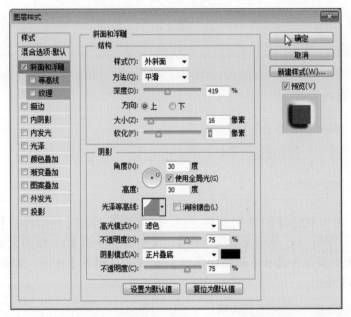

图2-38

➢ 【深度】设置项：控制效果的颜色深度，数值越大得到的阴影颜色越深，数值越小得到的阴影颜色越浅。

➢ 【大小】设置项：控制阴影面积的大小，拖动滑块或者直接更改右侧文本框中的数值可以得到合适的效果图。

➢ 【软化】设置项：拖动滑块可以调节阴影的边缘过渡效果，数值越大边缘过渡越柔和。

➢ 【方向】设置项：用来切换亮部和阴影的方向。选中【上】单选按钮，则是亮部在上面；选中【下】单选按钮，则是亮部在下面。

➢ 【角度】设置项：控制灯光在圆中的角度。圆中的+符号可以用鼠标移动。

➢ 【使用全局光】复选框：决定应用于图层效果的光照角度。可以定义一个全角，应用到图像中所有的图层效果；也可以指定局部角度，仅应用于指定的图层效果。使用全角可以制造出一种连续光照在图像上的效果。

➢ 【高度】设置项：设置光源与水平面的夹角。

➢ 【光泽等高线】下拉列表：可以选择一个等高线样式，为斜面和浮雕表面添加光泽，创建具有光泽感的金属外观浮雕效果。

➢ 【消除锯齿】复选框：选中该复选框，在使用固定的选区做一些变化时，变化的效果不至于显得很突然，可使效果过渡得柔和。

➢ 【高光模式】下拉列表：相当于在图层的上方有一个带色光源，光源的颜色可以通过右侧的颜色块来调整，它会使图层达到许多种不同的效果。

➢ 【阴影模式】下拉列表：可以调整阴影的颜色和模式。通过右侧的颜色块可以改变阴影的颜色，在下拉列表中可以选择阴影的模式。

2.5.2　描边

为图层添加"描边"图层样式的方法与添加"斜面和浮雕"图层样式的方法类似，这里不再赘述。"描边"效果的【图层样式】对话框如图2-39所示。

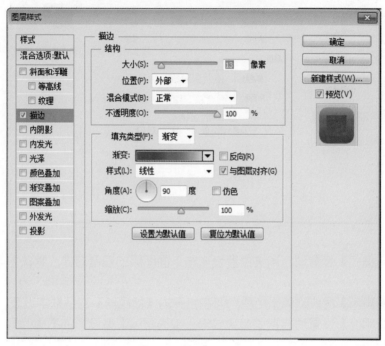

图2-39

> 【大小】设置项：它的数值大小和边框的宽度成正比，数值越大图像的边框就越大。

> 【位置】下拉列表：决定着边框的位置，可以是外部、内部和中心，这些模式是以图层不透明区域的边缘为相对位置的。【外部】表示描边时的边框在该区域的外边，默认的区域是图层中的不透明区域。

> 【不透明度】设置项：控制制作边框的透明度。

> 【填充类型】下拉列表：在该下拉列表中供选择的类型有三种，即颜色、图案和渐变。

2.5.3　投影

使用"投影"效果可以为图层内容添加投影，使其产生立体感。"投影"效果的【图层样式】对话框如图2-40所示。

Photoshop CC 图像编辑/调色/人像/抠图/修图/特效/合成（微课版）

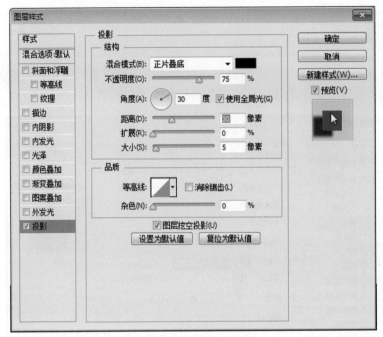

图2-40

➤ 【混合模式】设置项：用来设置投影与下面图层的混合方式，默认为【正片叠底】模式。

➤ 【投影颜色】色块：单击色块，可在打开的【拾色器】对话框中设置投影颜色。

➤ 【不透明度】设置项：拖曳滑块或输入数值可以调整投影的不透明度。该值越低，投影越淡。

➤ 【角度】设置项：用来设置投影应用于图层时的光照角度。可在文本框中输入数值，也可以拖曳圆形内的指针来进行调整。指针指向的方向为光源的方向，相反方向为投影的方向。

➤ 【使用全局光】复选框：可保持所有光源的角度一致。取消选中该项时可以为不同的图层分别设置光照角度。

➤ 【距离】设置项：用来设置投影边与图层内容的距离。该值越大，投影越远。

➤ 【扩展】设置项：用来设置投影的扩展范围。该值会受到【大小】选项的影响。

➤ 【大小】设置项：用来设置投影的模糊范围。该值越大，模糊范围越广；该值越小，投影越清晰。

➤ 【等高线】下拉列表：使用等高线可以控制投影的形状。

➤ 【消除锯齿】复选框：选中该复选框，可以混合等高线边缘的像素，使投影更加平滑。

➤ 【杂色】设置项：可在投影中添加杂色。该值较大时，投影会变为点状。

➤ 【图层挖空投影】复选框：用来控制半透明图层中投影的可见性。选中该复选框，如果当前图层的填充不透明度小于100%，则半透明图层中的投影不可见。

2.5.4　内阴影

应用"内阴影"图层样式可以围绕图层内容的边缘添加内阴影效果，此时的【图层样式】对话框如图2-41所示。

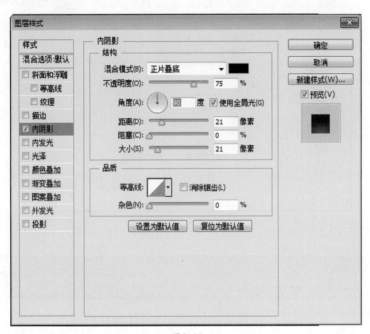

图2-41

【内阴影】与【投影】选项的设置方式基本相同，不同的地方在于：【投影】是通过【扩展】选项来控制投影边缘的渐变程度的，而【内阴影】则通过【阻塞】选项来控制。【阻塞】与【大小】选项相关联，【大小】值越大，可设置的【阻塞】范围越大。

2.5.5　外发光

应用"外发光"图层样式可以围绕图层内容的边缘创建外部发光效果。"外发光"效果的【图层样式】对话框如图2-42所示。

➢ 【方法】下拉列表：边缘元素的模型，有【柔和】和【精确】两种。柔和的边缘变化比较模糊，精确的边缘变化则比较清晰。

➢ 【扩展】设置项：边缘向外边扩展。

➢ 【大小】设置项：用以控制阴影面积的大小，变化范围是0～250像素。

➢ 【等高线】下拉列表：应用这个选项可以使图像产生立体的效果。单击其下拉菜单按钮会弹出等高线面板，从中可以根据图像选择适当的模式。

➢ 【范围】设置项：等高线运用的范围，其数值越大，效果越不明显。

➢ 【抖动】设置项：控制光的渐变。数值越大图层阴影的效果越不清楚，且会变成有杂色的效果。数值越小就会越接近清楚的阴影效果。

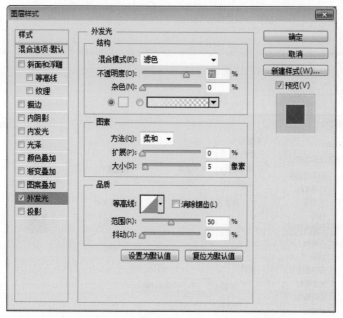

图 2-42

2.5.6 内发光

应用"内发光"图层样式可以围绕图层内容的边缘创建内部发光效果。【内发光】选项设置和【外发光】几乎一样，只是【外发光】选项卡中的【扩展】设置选项变成了【内发光】中的【阻塞】设置项，如图2-43所示。

图 2-43

2.5.7 光泽

应用"光泽"图层样式可以根据图层内容的形状在内部应用阴影，创建光滑的打磨效果。"光泽"效果的【图层样式】对话框如图2-44所示。

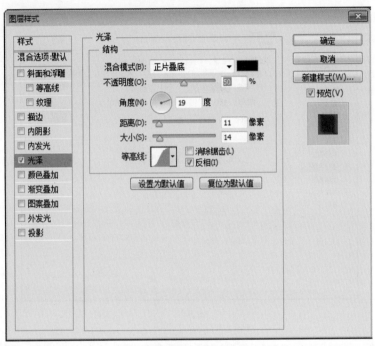

图2-44

> 【混合模式】下拉列表：它以图像和黑色为编辑对象，其模式与图层的混合模式一样，只是在这里Photoshop将黑色当作一个图层来处理。
> 【不透明度】设置项：调整混合模式中颜色图层的不透明度。
> 【角度】设置项：光照射的角度，它控制着阴影所在的方向。
> 【距离】设置项：数值越小，图像上被效果覆盖的区域越大。其值控制着阴影的距离。
> 【大小】设置项：控制实施效果的范围，范围越大，效果作用的区域越大。
> 【等高线】下拉列表：应用这个选项可以使图像产生立体的效果。单击其下拉按钮会弹出【等高线】面板，从中可以根据图像选择适当的模式。

2.5.8 渐变叠加

应用【渐变叠加】选项可以为图层内容套印渐变效果。"渐变叠加"效果的【图层样式】对话框如图2-45所示。

> 【混合模式】下拉列表：此下拉列表中的选项与【图层】面板中的混合模式类似。

Photoshop CC 图像编辑/调色/人像/抠图/修图/特效/合成（微课版）

➤ 【不透明度】设置项：设定透明的程度。

➤ 【渐变】设置项：使用这项功能可以对图像做一些渐变设置，选中【反向】复选框表示将渐变的方向反转。

➤ 【角度】设置项：利用该选项可以使图像产生的效果做一些角度变化。

➤ 【缩放】设置项：控制效果影响的范围，通过它可以调整产生效果的区域大小。

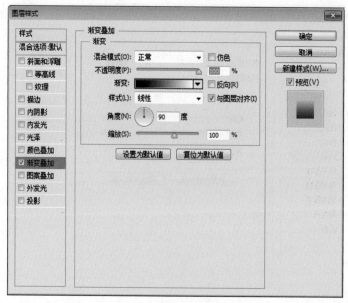

图2-45

2.5.9　颜色叠加

应用【颜色叠加】选项可以为图层内容套印颜色。"颜色叠加"效果的【图层样式】对话框如图2-46所示。

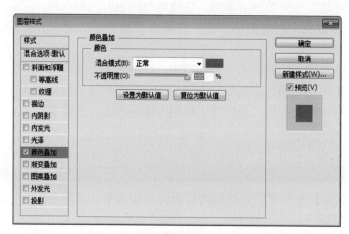

图2-46

2.5.10　图案叠加

应用【图案叠加】选项可以为图层内容套印图案效果。在原来的图像上加上一个图案的效果，根据图案颜色的深浅在图像上表现为雕刻效果的深浅。使用中要注意调整图案的不透明度，否则得到的图像可能只是一个放大的图案。"图案叠加"效果的【图层样式】对话框如图2-47所示。

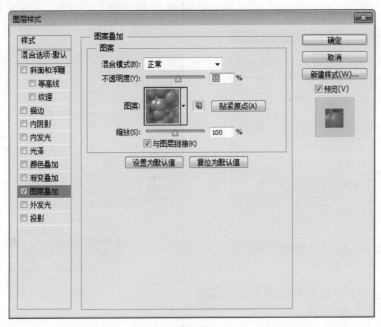

图2-47

Section 2.6　实践经验与技巧

在本节的学习过程中，将侧重介绍和讲解与本章知识点有关的实践经验及技巧，主要内容将包括更改图层样式、图层组的嵌套以及拼合图像等方面的知识与操作技巧。

2.6.1　更改图层样式

为图层添加了图层样式后，如果对已经添加的图层样式不满意，或者想要进一步完善图层样式，可以对图层样式进行更改。下面详细介绍更改图层样式的操作方法。

配套素材路径：配套素材 \ 第 2 章
素材文件名称：03.psd、更改图层样式.psd

操作步骤 >> Step by Step

第1步 打开名为 03 的素材文件，在【图层】面板中双击"投影"图层样式名称，如图 2-48 所示。

图 2-48

第3步 通过以上步骤即可完成更改图层样式的操作，如图 2-50 所示。

图 2-50

第2步 打开【图层样式】对话框，**1.** 选中【斜面和浮雕】复选框并双击，**2.** 打开【斜面和浮雕】选项卡，从中设置参数，**3.** 单击【确定】按钮，如图 2-49 所示。

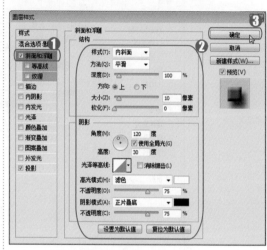

图 2-49

■ 指点迷津

用户还可以复制图层样式。在【图层】面板中选中准备粘贴的图层样式，单击【图层】菜单，选择【图层样式】菜单项，选择【拷贝图层样式】子菜单项，然后选中准备粘贴到的图层，执行【图层】→【图层样式】→【粘贴图层样式】命令，即可完成复制图层样式的操作。

2.6.2 图层组的嵌套

微课堂

创建图层组后，在图层组内还可以继续创建新的图层组，这种多级结构图层组被称为

"图层组的嵌套"。

　　创建图层组的嵌套可以更好地管理图层。按Ctrl键，然后单击【图层】面板中的【创建新组】按钮 ⬚，可以实现图层组的嵌套。如图2-51所示为"组1"嵌套在"图片组"中。

图2-51

2.6.3　拼合图像

　　拼合图像操作可以将图像中的所有可见图层都合并到背景图层中，隐藏图层则被删除。这样可以大大地减小文件。鼠标右键单击任意图层，在弹出的快捷菜单中选择【拼合图像】菜单项，即可完成拼合图像的操作，如图2-52和图2-53所示。

图2-52

图2-53

Section 2.7 思考与练习

通过本章的学习，读者可以掌握创建与应用图层的基本知识以及一些常见的操作方法，在本节中将针对本章知识点进行相关知识测试，以达到巩固与提高的目的。

一、填空题

1. 在编辑图层前，首先应在【图层】面板中单击所需图层，将其选中，所选图层被称为_____。

2. 图层的类型包括中性图层、_____、剪贴蒙版、_____、调整图层、填充图层、_____、矢量蒙版图层、图层样式、图层组、变形文字图层、文字图层、视频图层、3D图层以及背景图层。

二、判断题

1. 各个图层中的对象不可以单独处理，会影响其他图层中的内容，图层不可以移动，也不可以调整堆叠顺序。

2. 绘画、颜色和色调调整都只能在一个图层中进行，而移动、对齐或应用【样式】面板中的样式时，可以一次处理所选的多个图层。

三、思考题

1. 在Photoshop CC中如何水平居中对齐图层？

2. 在Photoshop CC中如何拼合图像？

第3章

修饰图像的基本操作

本章要点

- ◎ 图像尺寸和分辨率
- ◎ 图像显示
- ◎ 裁剪图像
- ◎ 管理图像素材

本章主要内容

本章主要介绍图像尺寸和分辨率、图像显示、裁剪图像和管理图像素材方面的知识与技巧；在本章的最后还针对实际的工作需求，讲解斜切图像、扭曲图像和透视图像的方法。通过本章的学习，读者可以掌握修饰图像方面的知识，为深入学习 Photoshop CC 知识奠定基础。

Photoshop CC 图像编辑/调色/人像/抠图/修图/特效/合成（微课版）

　　图像大小与图像像素、分辨率、实际打印尺寸之间有着密切的关系，它决定存储文件所需的硬盘空间大小和图像文件的清晰度。因此，调整图像的尺寸及分辨率也决定着整幅画面的大小。

3.1.1 调整图像尺寸

　　在Photoshop中，图像尺寸越大，所占的空间也越大。更改图像的尺寸，会直接影响图像的显示效果。

配套素材路径：配套素材＼第3章
素材文件名称：咖啡.jpg、调整图像尺寸.jpg

操作步骤 >> Step by Step

第1步 打开素材文件，如图3-1所示。

图3-1

第2步 *1.*单击【图像】菜单，*2.*选择【图像大小】菜单项，如图3-2所示。

图3-2

第3步 弹出【图像大小】对话框，*1.*在【宽度】和【高度】文本框中输入数值，*2.*单击【确定】按钮，如图3-3所示。

图3-3

第4步 通过以上步骤即可完成调整图像尺寸的操作，如图3-4所示。

图3-4

3.1.2　调整画布尺寸

在Photoshop中，画布指的是实际打印的工作区域，图像画面尺寸的大小是指当前图像周围工作空间的大小，改变画布大小会直接影响图像最终的输出效果。

| 配套素材路径：配套素材 \ 第 3 章 |
| 素材文件名称：华夫饼 .jpg、调整画布尺寸 .jpg |

操作步骤 >> Step by Step

第1步 打开素材文件，如图 3-5 所示。

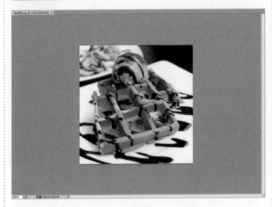

图3-5

第3步 弹出【画布大小】对话框，*1.* 在【宽度】和【高度】文本框中输入数值，*2.* 单击【确定】按钮，如图 3-7 所示。

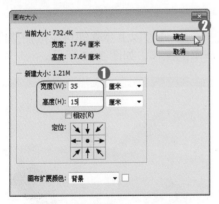

图3-7

第2步 *1.* 单击【图像】菜单，*2.* 选择【画布大小】菜单项，如图 3-6 所示。

图3-6

第4步 通过以上步骤即可完成调整画布尺寸的操作，如图 3-8 所示。

图3-8

下面介绍【画布大小】对话框中的相关选项。

➢ 【当前大小】：显示的是当前画布的大小。

➢ 【新建大小】：用于设置画布的大小。

Photoshop CC 图像编辑/调色/人像/抠图/修图/特效/合成（微课版）

➤ 【相对】复选框：选中该复选框，在【宽度】和【高度】选项后面将出现"锁链"图标，表示改变其中某一选项设置时，另一选项会按比例同时发生变化。

➤ 【定位】：用来修改图像像素的大小，相当于Photoshop中的"重新取样"——当减少像素数量时就会从图像中删除一些信息；当增加像素的数量或增加像素取样时，则会添加新的像素。

➤ 【画布扩展颜色】下拉列表：在该下拉列表中可以选择填充新画布的颜色。

3.1.3 调整图像分辨率

微课堂

在Photoshop中，图像的品质取决于分辨率的大小，当分辨率数值越大时，图像就越清晰；反之，就越模糊。

| 配套素材路径：配套素材 \ 第3章 |
| 素材文件名称：狗.jpg、调整图像分辨率.jpg |

操作步骤 >> Step by Step

第1步 打开素材文件，如图3-9所示。

图3-9

第3步 弹出【图像大小】对话框，**1.** 在【分辨率】文本框中输入1000，**2.** 单击【确定】按钮，如图3-11所示。

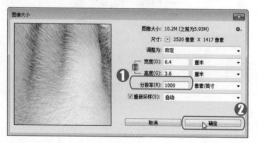

图3-11

第2步 **1.** 单击【图像】菜单，**2.** 选择【图像大小】菜单项，如图3-10所示。

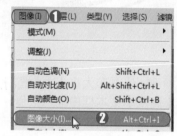

图3-10

第4步 通过以上步骤即可完成调整图像分辨率的操作，如图3-12所示。

图3-12

知识拓展

分辨率是用于描述图像文件信息量的术语，是指单位区域内包含的像素数量，通常用"像素/英寸"和"像素/厘米"表示。像素与分辨率是 Photoshop 中最常见的概念，也是关于文件大小和图像质量的基本概念。对像素与分辨率大小的设置决定了图像的大小与输出的质量。

Section 3.2 图像显示

Photoshop 为用户提供了多种屏幕显示模式，其中包括标准屏幕模式、带有菜单栏的全屏模式、全屏模式。用户在处理图像时，可以根据具体情况转换图像的显示模式。本节将详细介绍图像显示模式的相关知识。

3.2.1 切换图像显示模式　微课堂

Photoshop 提供了3种不同的屏幕显示模式，每一种模式都有不同的优点，用户可以根据不同的情况来进行选择。下面详细介绍切换图像显示模式的方法。

 配套素材路径：配套素材\第3章
素材文件名称：建筑.jpg

操作步骤 >> Step by Step

第1步　打开图像素材，如图 3-13 所示。

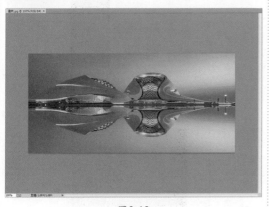

图3-13

第2步　**1.** 在工具箱中单击【屏幕模式】按钮，**2.** 在弹出的下拉列表中选择【带有菜单栏的全屏模式】选项，如图 3-14 所示。

图3-14

Photoshop CC 图像编辑/调色/人像/抠图/修图/特效/合成（微课版）

第3步 屏幕变为带有菜单栏的全屏模式，如图 3-15 所示。

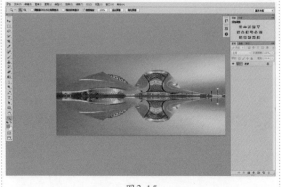

■ 指点迷津

除了运用上述方法切换图像显示以外，还有以下两种方法：按 F 键，可以在上述 3 种显示模式之间进行切换；单击【视图】菜单，选择【屏幕模式】菜单项，在弹出的子菜单中可以选择需要的显示模式。

图 3-15

3.2.2　使用导航器移动图像显示区域

【导航器】面板中包含图像的缩览图，如果文件尺寸较大，画面中不能显示完整图像，可以通过该面板定位图像的显示区域。

配套素材路径：配套素材 \ 第 3 章
素材文件名称：瀑布 .jpg

操作步骤 >> Step by Step

第1步 打开图像素材，如图 3-16 所示。

图 3-16

第2步 1. 单击【窗口】菜单，2. 选择【导航器】菜单项，如图 3-17 所示。

图 3-17

第3步 将鼠标指针移至【导航器】面板的预览区域，当指针变为抓手形状时，单击鼠标左键并拖曳，即可移动图像在编辑窗口的显示区域，如图 3-18 所示。

图 3-18

Section
3.3

裁剪图像

在 Photoshop 中，用户经常需要对某些图像进行裁剪操作，此时可以使用工具箱中的裁剪工具，或者利用菜单栏的【裁剪】命令来实现，还可以利用【裁切】命令来修剪图像。本节将介绍裁剪图像的相关知识。

3.3.1 使用裁剪工具裁剪图像

在 Photoshop 中，使用裁剪工具可以对图像进行裁剪，重新定义画布的大小。下面介绍运用裁剪工具裁剪图像的操作方法。

配套素材路径：配套素材 \ 第 3 章

素材文件名称：高楼 .jpg、使用裁剪工具裁剪图像 .jpg

操作步骤 >> Step by Step

第1步 打开名为"高楼"的素材文件，如图 3-19 所示。

图 3-19

第3步 图像边缘显示一个变化控制框，将鼠标指针移至控制框的左上角，指针变为箭头形状，单击并拖动鼠标以改变控制框的大小，如图 3-21 所示。

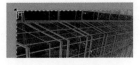

图 3-21

第2步 在工具箱中单击【裁剪工具】按钮 ，如图 3-20 所示。

图 3-20

第4步 将鼠标指针移至控制框内部，单击并拖动鼠标，调整图像内容，按 Enter 键即可完成操作，如图 3-22 所示。

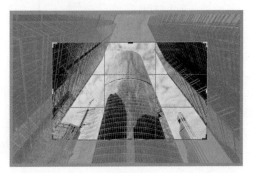

图 3-22

Photoshop CC 图像编辑/调色/人像/抠图/修图/特效/合成（微课版）

3.3.2 使用裁切命令裁剪图像

在Photoshop中，【裁切】命令与【裁剪】命令在裁剪图像时不同的地方在于，【裁切】命令不像【裁剪】命令那样要先创建选区，而是以对话框的形式来呈现。下面介绍使用【裁切】命令裁剪图像的方法。

配套素材路径：配套素材 \ 第 3 章
素材文件名称：人像 .psd、使用裁切命令裁剪图像 .jpg

操作步骤 >> Step by Step

第1步 打开名为"人像"的图像素材，如图 3-23 所示。

图3-23

第3步 弹出【裁切】对话框，**1.** 选中【透明像素】单选按钮，**2.** 单击【确定】按钮，如图 3-25 所示。

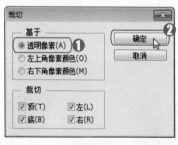

图3-25

第2步 **1.** 单击【图像】菜单，**2.** 选择【裁切】菜单项，如图 3-24 所示。

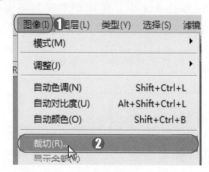

图3-24

第4步 通过以上步骤即可完成裁切图像的操作，如图 3-26 所示。

图3-26

下面介绍【裁切】对话框中的相关选项。

➢ 【透明像素】单选按钮：用于删除图像边缘的透明区域，留下包含非透明像素的最小图像。

> ➤ 【左上角像素颜色】单选按钮：用于删除图像左上角像素颜色的区域。
> ➤ 【右下角像素颜色】单选按钮：用于删除图像右下角像素颜色的区域。
> ➤ 【裁切】区域：该区域包含【顶】、【底】、【左】和【右】四个复选框，用来设置要修正的图像区域。

3.3.3　精确裁剪图像

精确裁剪图像功能可以用于制作等分拼图，在裁剪工具属性栏上设置固定的【宽度】、【高度】、【分辨率】的参数，即可裁剪同样大小的图像。

| 配套素材路径：配套素材\第3章 |
| 素材文件名称：花.jpg、精确裁剪图像.jpg |

操作步骤 >> Step by Step

第1步　打开名为"花"的图像素材，如图 3-27 所示。

图3-27

第3步　在工具属性栏中设置裁剪比例为 16：5，如图 3-29 所示。

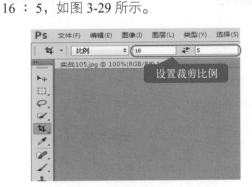

图3-29

第2步　单击工具箱中的【裁剪工具】按钮，如图 3-28 所示。

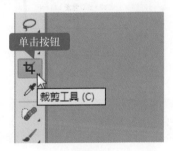

单击按钮

裁剪工具 (C)

图3-28

第4步　按 Enter 键即可完成精确裁剪图像的操作，如图 3-30 所示。

图3-30

3.3.4 **使用裁剪预设**

　　用户可以根据需要自己创建裁剪预设。创建裁剪预设的方法非常简单：打开图像，单击工具箱中的【裁剪工具】按钮，在工具栏中单击【比例】下拉按钮，在弹出的下拉列表中选择【新建裁剪预设】选项，弹出【新建剪裁预设】对话框，输入尺寸大小，单击【确定】按钮，即可完成创建裁剪预设的操作，如图3-31和图3-32所示。

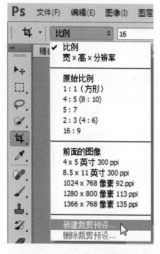

图3-31

图3-32

3.3.5 **设置裁剪工具的叠加选项**

　　在裁剪工具的工具栏中单击【设置裁剪工具的叠加选项】按钮田，裁剪工具叠加选项默认三等分构图，如图3-33所示。可以在这里更改叠加选项，还可以通过按快捷键O快速切换叠加选项，按Shift+O组合键切换叠加方向。通过切换叠加选项和叠加方向，能够看到不同的裁切效果。

图3-33

　　原始图像往往不能满足用户的需要，此时可以对图像素材进行旋转、缩放、水平翻转和垂直翻转，以使图像变得符合要求。本节将详细介绍旋转与缩放图像、水平翻转图像以及垂直翻转图像的操作方法。

3.4.1　旋转与缩放图像

　　在Photoshop中打开图像后，发现图像出现了颠倒或倾斜现象，此时需要对图像进行旋转或缩放操作。

 | 配套素材路径：配套素材 \ 第 3 章
| 素材文件名称：起飞 .jpg、旋转与缩放图像 .jpg

操作步骤　>> Step by Step

第1步　打开名为"起飞"的图像素材，如图 3-34 所示。

图3-34

第2步　1. 单击【编辑】菜单，2. 选择【变换】菜单项，3. 选择【缩放】子菜单项，如图 3-35 所示。

图3-35

Photoshop CC 图像编辑/调色/人像/抠图/修图/特效/合成 (微课版)

第3步 图像四周出现变换控制框，将鼠标指针移至控制框右上方的控制柄上，当指针呈双向箭头时，单击并向左下方拖动至合适位置后释放鼠标，如图 3-36 所示。

第4步 在变换控制框内右击，在弹出的快捷菜单中选择【旋转】菜单项，如图 3-37 所示。

图3-36

图3-37

第5步 将鼠标指针移至变换控制框右上方的控制柄处，单击并逆时针旋转至合适位置，如图 3-38 所示。

第6步 按 Enter 键取消选区。通过以上步骤即可完成旋转与缩放图像的操作，如图 3-39 所示。

图3-38

图3-39

3.4.2 水平翻转图像

在Photoshop中，当用户打开的图像出现了水平方向的颠倒、倾斜时，可以对图像进行水平翻转操作。

配套素材路径：配套素材 \ 第 3 章
素材文件名称：火车 .psd、水平翻转图像 .jpg

操作步骤 >> Step by Step

第1步　打开名为"火车"的图像素材，如图 3-40 所示。

图 3-40

第3步　通过以上步骤即可完成水平翻转的操作，如图 3-42 所示。

图 3-42

第2步　**1.** 单击【编辑】菜单，**2.** 选择【变换】菜单项，**3.** 选择【水平翻转】子菜单项，如图 3-41 所示。

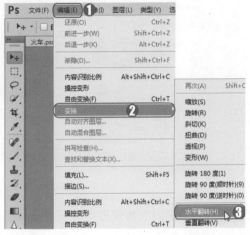

图 3-41

■ 指点迷津

　　【水平翻转画布】命令和【水平翻转】命令的区别如下：执行【水平翻转画布】命令后，可将整个画布，即画布中的全部图层水平翻转；执行【水平翻转】命令后，可将画布中的某个图像，即选中的画布中的某个图层水平翻转。

3.4.3　垂直翻转图像

　　在Photoshop中，如果打开的图像出现了垂直方向的颠倒、倾斜时，就需要对图像进行垂直翻转操作。垂直翻转图像的操作方法与水平翻转图像类似，下面详细介绍垂直翻转图像的操作方法。

　　配套素材路径：配套素材 \ 第 3 章
　　素材文件名称：插花 .psd、垂直翻转图像 .jpg

Photoshop CC 图像编辑/调色/人像/抠图/修图/特效/合成（微课版）

操作步骤 >> Step by Step

第1步 打开名为"插花"的图像素材，如图 3-43 所示。

图 3-43

第3步 通过以上步骤即可完成垂直翻转的操作，如图 3-45 所示。

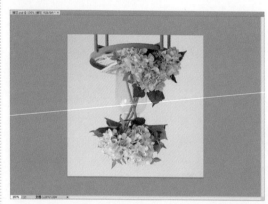

图 3-45

第2步 *1.* 单击【编辑】菜单，*2.* 选择【变换】菜单项，*3.* 选择【垂直翻转】子菜单项，如图 3-44 所示。

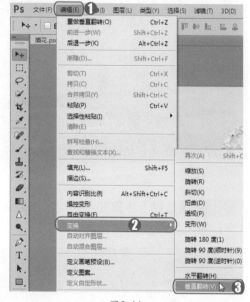

图 3-44

■ **指点迷津**

在变换图像时，【水平翻转】与【垂直翻转】命令，可以分别以经过图像中心的垂直线为轴水平翻转或以经过图像中心的水平线为轴垂直翻转图像。

Section 3.5 实践经验与技巧

在本节的学习过程中，将侧重介绍和讲解与本章知识点有关的实践经验及技巧，主要内容将包括斜切图像、扭曲图像以及透视图像等方面的知识与操作技巧。

3.5.1 斜切图像

在Photoshop中，用户可以运用【变换】命令斜切图像。斜切图像的操作方法非常简单，下面介绍斜切图像的操作方法。

> 配套素材路径：配套素材 \ 第 3 章
> 素材文件名称：女孩与猫 .psd、斜切图像 .jpg

操作步骤 >> Step by Step

第1步 打开名为"女孩与猫"的图像素材，如图 3-46 所示。

图 3-46

第3步 图像四周出现控制点，将鼠标指针移至右下角的控制点上，单击并向上移动至合适位置释放鼠标，如图 3-48 所示。

图 3-48

第2步 1. 单击【编辑】菜单，2. 选择【变换】菜单项，3. 选择【斜切】子菜单项，如图 3-47 所示。

图 3-47

第4步 按 Enter 键完成斜切图像的操作，如图 3-49 所示。

图 3-49

Photoshop CC 图像编辑/调色/人像/抠图/修图/特效/合成（微课版）

 3.5.2 扭曲图像

 微课堂

扭曲图像的方法非常简单，下面详细介绍扭曲图像的操作方法。

配套素材路径：配套素材\第3章
素材文件名称：女孩与猫 .psd、扭曲图像 .jpg

操作步骤 >> Step by Step

第1步 打开名为"女孩与猫"的图像素材，如图 3-50 所示。

图3-50

第3步 图像四周出现控制点，将鼠标指针移至左上角的控制点上，单击并向下移动至合适位置释放鼠标，如图 3-52 所示。

图3-52

第2步 1. 单击【编辑】菜单，2. 选择【变换】菜单项，3. 选择【扭曲】子菜单项，如图 3-51 所示。

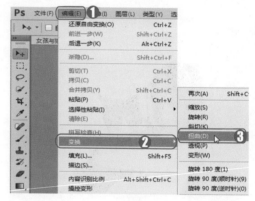

图3-51

第4步 按 Enter 键完成扭曲图像的操作，如图 3-53 所示。

图3-53

3.5.3　透视图像

透视图像的方法非常简单，下面详细介绍透视图像的操作方法。

配套素材路径：配套素材 \ 第 3 章

素材文件名称：女孩与猫 .psd、透视变换 .jpg

操作步骤　>> Step by Step

第1步　打开名为"女孩与猫"的图像素材，如图 3-54 所示。

图3-54

第3步　图像四周出现控制点，将鼠标指针移至右上角的控制点上，单击并向下移动至合适位置释放鼠标，如图 3-56 所示。

图3-56

第2步　**1.** 单击【编辑】菜单，**2.** 选择【变换】菜单项，**3.** 选择【透视】子菜单项，如图 3-55 所示。

图3-55

第4步　按 Enter 键完成透视图像的操作，如图 3-57 所示。

图3-57

Section 3.6 思考与练习

通过本章的学习，读者可以掌握修饰图像的基本知识以及一些常见的操作方法，在本节中将针对本章知识点进行相关知识测试，以达到巩固与提高的目的。

一、填空题

1. _____是用于描述图像文件信息量的术语，是指单位区域内包含的像素数量，通常用_____和_____表示。

2. Photoshop为用户提供了多种屏幕显示模式，其中包括_____、带有菜单栏的全屏模式、_____。

二、判断题

1. 【水平翻转画布】命令和【水平翻转】命令的区别如下：执行【水平翻转画布】命令后，可将整个画布，即画布中的全部图层水平翻转；执行【水平翻转】命令后，可将画布中的某个图像，即选中的画布中的某个图层水平翻转。

2. 在变换图像时，【水平翻转】与【垂直翻转】命令，可以分别以经过图像中心的垂直线为轴水平翻转或以经过图像中心的水平线为轴垂直翻转图像。

三、思考题

1. 在Photoshop中如何斜切图像？

2. 在Photoshop中如何进行透视变换？

第4章

调整图像色彩

本章主
要内容

本章主要介绍选择与填充颜色、填充图案、设置图像色彩和调色实战方面的知识与技巧；在本章的最后还针对实际的工作需求，讲解转换图像为 CMYK 模式、转换图像为双色调模式和使用通道混合器命令调整图像颜色的方法。通过本章的学习，读者可以掌握调整图像色彩方面的知识，为深入学习 Photoshop CC 知识奠定基础。

Photoshop CC 图像编辑/调色/人像/抠图/修图/特效/合成（微课版）

Section 4.1 选择与填充颜色

 色彩是事物外在的一个重要特征，不同的色彩可以传递不同的信息，带来不同的感受，成功的设计师应该有很好的色彩驾驭能力。Photoshop 提供了强大的色彩设置功能，本节将介绍使用 Photoshop 进行颜色设置的相关知识。

4.1.1 使用填充命令填充颜色

"填充"指的是在被编辑的图像文件中，可以对整体或局部使用单色、多色或复杂的图案进行覆盖。下面介绍填充颜色的方法。

 配套素材路径：配套素材 \ 第 4 章
素材文件名称：使用填充命令填充颜色 .jpg

操作步骤 >> Step by Step

第1步 新建 20 厘米 ×15 厘米的素材，如图 4-1 所示。

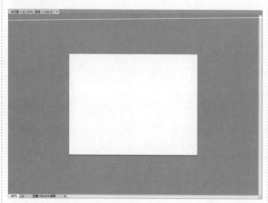

图4-1

第2步 在【图层】面板中，**1.** 单击【创建新图层】按钮，**2.** 创建一个名为"图层 1"的图层，如图 4-2 所示。

图4-2

第3步 **1.** 单击【编辑】菜单，**2.** 选择【填充】菜单项，如图 4-3 所示。

第4步 弹出【填充】对话框，在【使用】下拉列表中选择【颜色】选项，如图 4-4 所示。

图4-3

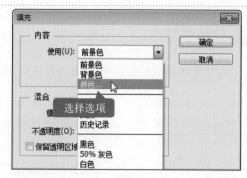

图4-4

第5步 弹出【拾色器（填充颜色）】对话框，*1.*设置 R、G、B 分别为 232、162、162，*2.*单击【确定】按钮，如图 4-5 所示。

第6步 返回【填充】对话框，单击【确定】按钮，如图 4-6 所示。

图4-5

图4-6

第7步 图层 1 已经被指定的颜色填充，如图 4-7 所示。

图4-7

【填充】对话框中各选项的含义如下。

➤ 【使用】下拉列表：在该列表中可以选择9种不同的填充类型，包括前景色、背景色、自定义颜色、黑色、白色、灰色、图案、内容识别以及历史记录。

➤ 【模式/不透明度】选项：用来设置填充内容的混合模式和不透明度。

➤ 【保留透明区域】复选框：选中该复选框，只对图层中包含像素的区域进行填充，不会影响透明区域。

Photoshop CC 图像编辑/调色/人像/抠图/修图/特效/合成（微课版）

 4.1.2 **使用油漆桶工具填充颜色**

使用【油漆桶】工具可以快速、便捷地为图像填充颜色，填充的颜色以前景色为准。

> 配套素材路径：配套素材\第4章
> 素材文件名称：沙滩.psd、使用油漆桶工具填充颜色.jpg

操作步骤 >> Step by Step

第1步 打开名为"沙滩"的素材，如图4-8 所示。

图4-8

第2步 单击工具箱中的【魔棒工具】按钮 ，在图像上创建选区，如图4-9所示。

图4-9

第3步 单击工具箱中的【设置前景色】色块，弹出【拾色器（前景色）】对话框，
1. 设置 R、G、B 分别为 9、112、219，
2. 单击【确定】按钮，如图4-10所示。

图4-10

第4步 前景色已经更改。单击工具箱中的【油漆桶工具】按钮 ，在选区中单击鼠标左键，即可填充颜色，如图4-11所示。

图4-11

4.1.3　使用吸管工具填充颜色

　　用户在Photoshop中处理图像时，经常需要从图像中获取颜色，此时就需要用到【吸管工具】。使用【吸管工具】填充颜色的方法非常简单。

配套素材路径：配套素材\第4章
素材文件名称：01.psd、使用吸管工具填充颜色.jpg

操作步骤 >> Step by Step

第1步　打开名为 01 的素材，如图 4-12 所示。

图4-12

第3步　单击【魔棒工具】按钮，在图像中创建选区，如图 4-14 所示。

图4-14

第2步　单击工具箱中的【吸管工具】按钮 ，在图像上吸取颜色，如图 4-13 所示。

图4-13

第4步　按 Alt+Delete 组合键，填充刚刚吸取的前景色，并取消选区，即可完成使用吸管工具填充颜色的操作，如图 4-15 所示。

图4-15

Photoshop CC 图像编辑/调色/人像/抠图/修图/特效/合成（微课版）

除了可以运用上述方法选取【吸管工具】外，按I快捷键可以快速选取【吸管工具】。

4.1.4 　使用渐变工具填充渐变色

运用【渐变工具】可以对所选定的图像进行多种颜色的混合填充，从而增强图像的视觉效果。使用【渐变工具】填充渐变色的方法非常简单，下面详细介绍其操作方法。

> 　配套素材路径：配套素材 \ 第 4 章
> 　素材文件名称：02.psd、使用吸管工具填充颜色 .jpg

操作步骤 >> Step by Step

第1步　打开名为 02 的素材，如图 4-16 所示。

图4-16

第2步　单击工具箱中的【设置前景色】色块，弹出【拾色器（前景色）】对话框，*1.* 设置 R、G、B 分别为 102、153、255，*2.* 单击【确定】按钮，如图 4-17 所示。

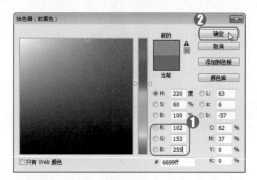

图4-17

第3步　*1.* 单击工具箱中的【渐变工具】按钮，*2.* 在工具属性栏中单击【点按可编辑渐变】色块，如图 4-18 所示。

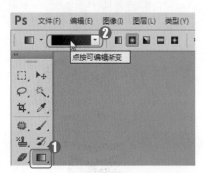

图4-18

第4步　弹出【渐变编辑器】对话框，*1.* 设置【预设】为【前景色到背景色渐变】，*2.* 单击【确定】按钮，如图 4-19 所示。

图4-19

第5步　在【图层】面板中选择"图层1"图层，将鼠标指针移至图像窗口右下角，单击并拖动至窗口左上角，添加渐变，如图4-20所示。

图4-20

■ 指点迷津

　　在渐变工具属性栏中，渐变工具提供了以下5种渐变方式：线性渐变，从起点到终点作直线形状的渐变；径向渐变，从中心开始作圆形放射状渐变；角度渐变，从中心开始作逆时针方向的角度渐变；对称渐变，从中心开始作对称直线形状的渐变；菱形渐变，从中心开始作菱形渐变。

Section 4.2　填充图案

　　简单地说，填充操作可以分为无限制和有限制两种情况，前者就是在当前无任何选区或路径的情况下执行的填充操作，此时将对整体图像进行填充；而后者则是通过设置适当的选区或路径来限制填充的范围。

4.2.1　使用填充命令填充图案

　　运用【填充】命令不但可以填充颜色，还可以填充相应的图案。下面介绍使用【填充】命令填充图案的方法。

配套素材路径：配套素材\第4章
素材文件名称：使用填充命令填充图案 .jpg

操作步骤　>> Step by Step

第1步　新建20厘米×15厘米的素材，如图4-21所示。

第2步　在【图层】面板中，创建一个名为"图层1"的图层，如图4-22所示。

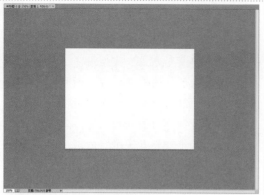

图4-21

图4-22

第3步 1.单击【编辑】菜单，2.选择【填充】菜单项，如图4-23所示。

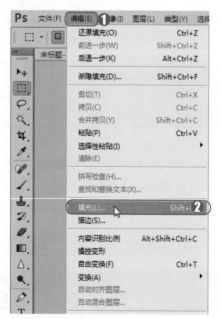

图4-23

第4步 弹出【填充】对话框，1.在【使用】下拉列表中选择【图案】选项，2.打开【图案】下拉面板，选择面板菜单中的【自然图案】选项，3.载入该图案库，选择草坪图案，4.单击【确定】按钮，如图4-24所示。

图4-24

第5步 可以看到图层已经被草坪图案填充完毕。通过以上步骤即可完成使用【填充】命令填充图案的操作，如图4-25所示。

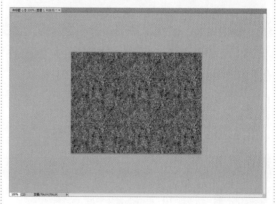

图4-25

4.2.2 使用填充命令修复图像

使用【填充】对话框中的【内容识别】选项，可以将内容自动填补。运用此功能可以删除相片中某个区域，遗留的空白区域由Photoshop自动填补，即使是复杂的背景也同样可以识别填充。此功能也适用于填补相片四角的空白。

配套素材路径：配套素材\第4章

素材文件名称：03.psd、使用填充命令修复图像.jpg

操作步骤 >> Step by Step

第1步 打开名为03的素材文件，如图4-26所示。

图4-26

第2步 在工具箱中单击【套索工具】按钮，在图像上创建选区，如图4-27所示。

图4-27

第3步 1.单击【编辑】菜单，2.选择【填充】菜单项，如图4-28所示。

图4-28

第4步 弹出【填充】对话框，1.在【使用】下拉列表中选择【内容识别】选项，2.单击【确定】按钮，如图4-29所示。

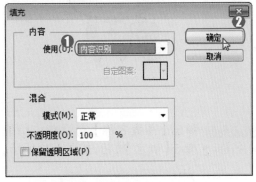

图4-29

Photoshop CC 图像编辑/调色/人像/抠图/修图/特效/合成（微课版）

第5步 选区内的图像消失。通过以上步骤即可完成使用【填充】命令修复图像的操作，如图4-30所示。

图4-30

4.2.3　使用油漆桶工具填充图案

微课堂

在Photoshop中，用户使用【油漆桶工具】不仅可以填充颜色，还可以填充图案。

配套素材路径：配套素材\第4章
素材文件名称：04.psd、04-1.jpg、使用油漆桶工具填充图案.jpg

操作步骤 >> Step by Step

第1步 打开名为04-1的图像素材，使用【矩形选框工具】在图像上建立选区，如图4-31所示。

图4-31

第2步 1.单击【编辑】菜单，2.选择【定义图案】菜单项，如图4-32所示。

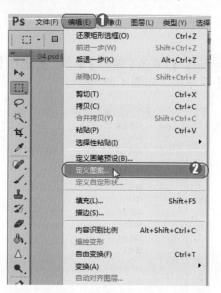

图4-32

第3步 弹出【图案名称】对话框，1.输入名称，2.单击【确定】按钮，如图4-33所示。

图4-33

第4步 打开名为 04 的素材文件，在工具箱中单击【魔棒工具】按钮，将图像中间的六边形选中创建选区，如图 4-34 所示。

图4-34

第6步 设置背景色为白色，按 Ctrl+Delete 组合键填充前景色，如图 4-36 所示。

图4-36

第5步 在工具属性栏中，**1.** 设置填充模式为【图案】，**2.** 单击【点按可打开"图案"拾色器】按钮，在列表中选择【图案 1】选项，如图 4-35 所示。

图4-35

第7步 移动鼠标指针至白色区域，单击鼠标，填充图案，并取消选区，如图 4-37 所示。

图4-37

Section 4.3 设置图像色彩

　　调色技术是指将特定的色调加以改变，形成不同感觉的另一色调图片，这是作为平面设计师必不可少的重要技能。没有好的色彩就不会有好的设计，可以说调色技术贯穿于使用 Photoshop 进行设计的整个过程。

Photoshop CC 图像编辑/调色/人像/抠图/修图/特效/合成（微课版）

4.3.1　亮度/对比度 微课堂

可以使用【亮度/对比度】命令对图像每像素的亮度或对比度进行调整，此调整方式方便、快捷，但不适用于较为复杂的图像。

亮度（Value，简写为V，又称为明度）是指颜色的敏感程度，一般使用0～100的百分比来度量。通常在正常强度的光线照射下的色相被定义为标准色相，亮度高于标准色相的，称为该色相的高光；反之，称为该色相的阴影。

对比度指的是一幅图像中明暗区域最亮的白和最暗的黑之间不同亮度层级的测量，差异范围越大代表对比越大，差异范围越小代表对比越小。

配套素材路径：配套素材 \ 第 4 章
素材文件名称：项链 .jpg、亮度对比度 .jpg

操作步骤 >> Step by Step

第1步　打开名为"项链"的图像素材，1.单击【图像】菜单，2.选择【调整】菜单项，3.选择【亮度/对比度】子菜单项，如图4-38所示。

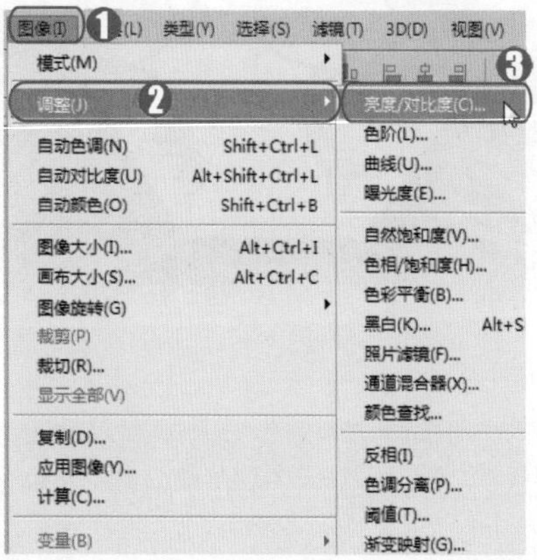

图4-38

第3步　通过以上步骤即可完成使用【亮度/对比度】命令调整图像颜色的操作，如图4-40所示。

第2步　弹出【亮度/对比度】对话框，1.设置参数，2.单击【确定】按钮，如图4-39所示。

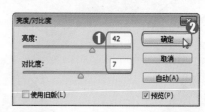

图4-39

图4-40

【亮度/对比度】对话框中有关选项含义如下。

➢ 【亮度】：用于调整图像的亮度。该值为正时增加图像亮度，为负时降低图像亮度。

➢ 【对比度】：用于调整图像的对比度。正值时增加图像对比度，负值时降低图像对比度。

4.3.2　色阶

色阶是指图像中的颜色或颜色中的某一个组成部分的亮度范围，用户可以利用【色阶】命令通过调整图像的阴影、中间调和高光的强度级别，校正色调范围和色彩平衡。

配套素材路径：配套素材＼第 4 章
素材文件名称：骑车 .jpg、色阶 .jpg

操作步骤 >> Step by Step

第1步　打开名为"骑车"的图像素材，**1.** 单击【图像】菜单，**2.** 选择【调整】菜单项，**3.** 选择【色阶】子菜单项，如图 4-41 所示。

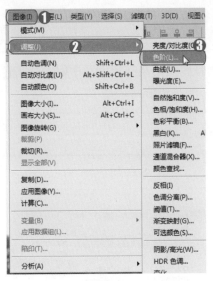

图4-41

第3步　通过以上步骤即可完成使用【色阶】命令调整图像颜色的操作，如图 4-43 所示。

第2步　弹出【色阶】对话框，**1.** 在【预设】下拉列表中选择【自定】选项，**2.** 设置参数，**3.** 单击【确定】按钮，如图 4-42 所示。

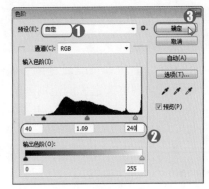

图4-42

图4-43

【色阶】对话框中各选项含义如下。

➢ 【预设选项】按钮 ✿ ：单击该按钮，在弹出的列表中选择【存储预设】选项，可以将当前的调整参数保存为一个预设文件。

➢ 【通道】下拉列表：在下拉列表中可以选择一个通道进行调整，调整通道会影响图像的颜色。

➢ 【自动】按钮：单击该按钮，可以应用自动颜色校正，Photoshop会以0.5%的比例自动调整图像色阶，使图像的亮度分布更加均匀。

➢ 【选项】按钮：单击该按钮，可以打开【自动颜色校正选项】对话框，在该对话框中可以设置黑色像素和白色像素的比例。

➢ 【在图像中取样以设置黑场】按钮 ✐：使用该工具在图像中单击，可以将单击点的像素调整为黑色，原图中比该点暗的像素也变为黑色。

➢ 【在图像中取样以设置灰场】按钮 ✐：使用该工具在图像中单击，可以根据单击点像素的亮度来调整其他中间色调的平均亮度，通常用来校正色偏。

➢ 【在图像中取样以设置白场】按钮 ✐：使用该工具在图像中单击，可以将单击点的像素调整为白色，原图中比该点亮度值高的像素也都会变为白色。

➢ 【输出色阶】选项：可以限制图像的亮度范围，从而降低对比度，使图像呈现褪色效果。

4.3.3　　曲线

运用【曲线】命令可以通过调节曲线的方式调整图像的高亮色调、中间调和暗色调，其优点是可以只调整选定色调范围内的图像，而不影响其他色调。

	配套素材路径：配套素材\第4章
	素材文件名称：衣服.jpg、曲线.jpg

操作步骤 >> Step by Step

第1步 打开名为"衣服"的图像素材，**1.** 单击【图像】菜单，**2.** 选择【调整】菜单项，**3.** 选择【曲线】子菜单项，如图4-44所示。

图4-44

第2步　弹出【曲线】对话框，*1.* 在【通道】下拉列表中选择【红】选项，*2.* 设置【输出】、【输入】的参数，*3.* 单击【确定】按钮，如图 4-45 所示。

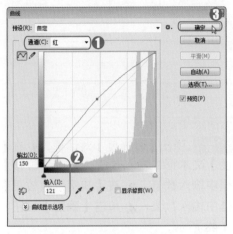

图4-45

第3步　通过以上步骤即可完成使用【曲线】命令调整图像颜色的操作，如图 4-46 所示。

图4-46

【曲线】对话框中各选项含义如下。

➢ 【预设】下拉列表：在该下拉列表中包含了 Photoshop 提供的各种预设调整文件，可以用于调整图像。

➢ 【通道】下拉列表：在该下拉列表中可以选择要调整的通道，调整通道会改变图像的颜色。

➢ 【编辑点以修改曲线】按钮 ：该按钮为选中状态，此时在曲线中单击可以添加新的控制点，拖动控制点改变曲线形状即可调整图像。

➢ 【通过绘制来修改曲线】按钮 ：单击该按钮后，可以绘制手绘效果的自由曲线。

➢ 【输出/输入】选项：【输入】色阶显示了调整前的像素值，【输出】色阶显示了调整后的像素值。

➢ 【在图像上单击并拖动可以修改曲线】按钮 ：单击该按钮后，将光标放在图像上，曲线上会出现一个圆形图形，它代表光标处的色调在曲线上的位置，在画面中单击并拖动鼠标可以添加控制点并调整相应的色调。

➢ 【平滑】按钮：使用铅笔绘制曲线后，单击该按钮，可以对曲线进行平滑处理。

➢ 【自动】按钮：单击该按钮，可以对图像应用【自动颜色】【自动对比度】和【自动色调】校正。具体校正内容取决于【自动颜色校正选项】对话框中的设置。

➢ 【选项】按钮：单击该按钮，可以打开【自动颜色校正选项】对话框，【自动颜色校正】选项用来控制由【色阶】和【曲线】中的【自动颜色】【自动色调】【自动对比度】和【自动】选项应用的色调和颜色校正。它允许指定【阴影】和【高光】剪切百分比，并为阴影、中间调和高光指定颜色值。

Photoshop CC 图像编辑/调色/人像/抠图/修图/特效/合成（微课版）

4.3.4 曝光度

曝光度指的是感受到光亮的强弱及时间的长短。

在照片拍摄过程中，经常会因为曝光过度而导致图像偏白，或因为曝光不足而导致图像偏暗，这时可以使用【曝光度】命令来调整图像的曝光度。

配套素材路径：	配套素材 \ 第 4 章
素材文件名称：	松针 .jpg、曝光度 .jpg

操作步骤 >> Step by Step

第1步 打开名为"松针"的图像素材，**1.** 单击【图像】菜单，**2.** 选择【调整】菜单项，**3.** 选择【曝光度】子菜单项，如图 4-47 所示。

图 4-47

第2步 弹出【曝光度】对话框，**1.** 在【曝光度】文本框中输入数值，**2.** 在【位移】文本框中输入数值，**3.** 在【灰度系数校正】文本框中输入数值，**4.** 单击【确定】按钮，如图 4-48 所示。

图 4-48

第3步 通过以上步骤即可完成使用【曝光度】命令调整图像的操作，如图 4-49 所示。

图 4-49

【曝光度】对话框中各选项的含义如下。

➤ 【曝光度】选项：调整色调范围的高光端，对极限阴影的影响很轻微。

➤ 【位移】选项：使阴影和中间调变暗，对高光的影响很轻微。

➤ 【灰度系数校正】选项：使用简单的乘方函数调整图像灰度系数。

4.3.5　自动色调

使用【自动色调】命令可以将每个颜色通道中最亮和最暗的像素分别设置为白色和黑色，并将中间色调按比例重新分布。

配套素材路径：配套素材 \ 第 4 章
素材文件名称：蜡烛 .jpg、自动色调 .jpg

操作步骤　>> Step by Step

第1步　打开名为"蜡烛"的图像素材，**1.** 单击【图像】菜单，**2.** 选择【自动色调】菜单项，如图 4-50 所示。

第2步　通过以上步骤即可完成使用【自动色调】命令调整图像颜色的操作，如图 4-51 所示。

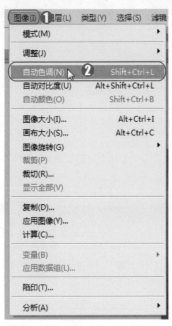

图 4-50

图 4-51

4.3.6　自动对比度

使用【自动对比度】命令可以自动调整图像中颜色的总体对比度和混合颜色，它将图像中最亮和最暗的像素映射为白色和黑色，使高光显得更亮而暗调显得更暗。

配套素材路径：配套素材 \ 第 4 章
素材文件名称：桥 .jpg、自动对比度 .jpg

Photoshop CC 图像编辑/调色/人像/抠图/修图/特效/合成（微课版）

操作步骤 >> Step by Step

第1步 打开名为"桥"的图像素材，**1.** 单击【图像】菜单，**2.** 选择【自动对比度】菜单项，如图 4-52 所示。

图4-52

第2步 通过以上步骤即可完成使用【自动对比度】命令调整图像颜色的操作，如图 4-53 所示。

图4-53

除了可以运用【自动对比度】命令调整图像对比度外，还可以按Alt+Shift+Ctrl+L组合键，快速调整图像对比度。

4.3.7 自动颜色 微课堂

使用【自动颜色】命令可以通过搜索实际图像来标识暗调、中间调和高光区域，并据此调整图像的对比度和颜色。

 配套素材路径：配套素材 \ 第 4 章
素材文件名称：野草 .jpg、自动颜色 .jpg

操作步骤 >> Step by Step

第1步 打开名为"野草"的图像素材，**1.** 单击【图像】菜单，**2.** 选择【自动颜色】菜单项，如图 4-54 所示。

第2步 通过以上步骤即可完成使用【自动颜色】命令调整图像颜色的操作，如图 4-55 所示。

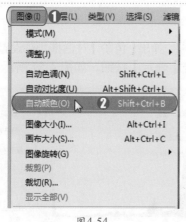

图4-54

图4-55

知识拓展

使用【自动颜色】命令可以让系统自动地对图像进行颜色校正。如果图像中有色偏或者饱和度过高的现象，均可以使用该命令进行自动调整。除了运用【自动颜色】命令调整偏色外，还可以按 Ctrl+Shift+B 组合键快速执行【自动颜色】命令。

Section 4.4　专题课堂——调色实战

人的眼睛对于颜色总是非常敏感，人眼是一种很出色的观察和比较各种色相的工具。现实世界多姿多彩，图像设计人员总是不断地探索如何更逼真地反映自然界的真实色彩。本节主要通过介绍一些具体案例来巩固图像调色的知识。

4.4.1　调整曝光不足

导致曝光不足的原因：闪光灯的指数偏小，这样的闪光灯在环境光暗弱的情况下便很容易出现曝光不足；被摄体离闪光灯太远，无论闪光灯的指数多大，只要超过了有效范围，同样会造成曝光不足；镜头的最大光圈太小，普及型镜头的光圈一般偏小，通光量少，这样就更容易导致曝光不足。

配套素材路径：配套素材\第4章
素材文件名称：湖景.jpg、调整曝光不足.jpg

Photoshop CC 图像编辑/调色/人像/抠图/修图/特效/合成（微课版）

操作步骤 >> Step by Step

第1步 打开名为"湖景"的图像素材，**1.** 单击【图像】菜单，**2.** 选择【调整】菜单项，**3.** 选择【色阶】子菜单项，如图 4-56 所示。

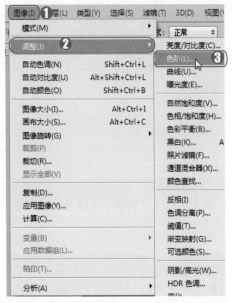

图 4-56

第2步 弹出【色阶】对话框，**1.** 设置参数，**2.** 单击【确定】按钮，如图 4-57 所示。

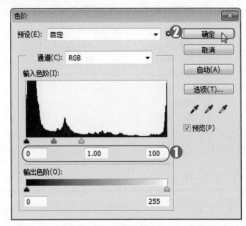

图 4-57

图 4-58

第3步 通过以上步骤即可完成调整曝光不足的操作，如图 4-58 所示。

4.4.2 调整曝光过度

微课堂

在实际拍摄中，往往由于光线的原因，自然光太强，会导致拍摄的时候图像曝光过度。下面介绍调整曝光过度图像的方法。

 配套素材路径：配套素材\第 4 章

素材文件名称：人像 .jpg、调整曝光过度 .jpg

操作步骤 >> Step by Step

第1步 打开名为"人像"的图像素材，在【图层】面板中选择"背景"图层，按 Ctrl+J 组合键复制图层，得到"图层1"图层，*1.* 设置"图层1"图层的混合模式为【正片叠底】，*2.* 设置【不透明度】为 60%，如图 4-59 所示。

图 4-59

第3步 弹出【新建图层】对话框，单击【确定】按钮，如图 4-61 所示。

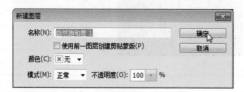

图 4-61

第5步 通过以上步骤即可完成调整曝光过度图像的操作，如图 4-63 所示。

图 4-63

第2步 选择"图层1"图层，*1.* 单击【图层】菜单，*2.* 选择【新建调整图层】菜单项，*3.* 选择【自然饱和度】子菜单项，如图 4-60 所示。

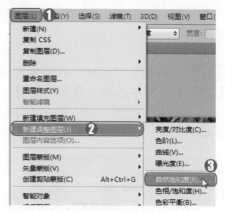

图 4-60

第4步 展开【属性】面板，设置【自然饱和度】为 100，如图 4-62 所示。

图 4-62

■ 指点迷津

　　自然饱和度【属性】面板中各选项含义如下：【自然饱和度】选项是指在颜色接近最大饱和度时，最大限度地减少修剪，可以防止过度饱和；【饱和度】选项用于调整所有颜色，而不考虑当前的饱和度。

Photoshop CC 图像编辑/调色/人像/抠图/修图/特效/合成（微课版）

4.4.3 　使用色彩平衡效果

可以使用【色彩平衡】命令调整图像的色彩。

| 配套素材路径：配套素材 \ 第 4 章 |
| 素材文件名称：网球 .jpg、使用色彩平衡效果 .jpg |

操作步骤 >> Step by Step

第1步 打开名为"网球"的图像素材，在【图层】面板中选择"背景"图层，按 Ctrl+J 组合键复制图层，得到"图层 1"图层，如图 4-64 所示。

图 4-64

第2步 单击【图层】面板中的【创建新图层】按钮，新建"图层 2"图层，设置前景色为褐色（RGB 参数为 115、67、16），如图 4-65 所示。

图 4-65

第3步 按 Alt+Delete 组合键，填充前景色，设置"图层 2"的混合模式为【正片叠底】，【不透明度】为 10%，如图 4-66 所示。

图 4-66

第4步 通过以上步骤即可完成使用色彩平衡效果的操作，如图 4-67 所示。

图 4-67

4.4.4 添加镜头光晕效果

生活中的照片，经过适当的处理后，可以制作出阳光清新的感觉，然后添加一些光晕做点缀，可以突出照片的梦幻、清新、神秘感。

配套素材路径：配套素材\第4章

素材文件名称：小朋友.jpg、添加镜头光晕效果.jpg

操作步骤 >> Step by Step

第1步 打开名为"小朋友"的图像素材，在【图层】面板中选择"背景"图层，按Ctrl+J组合键复制图层，得到"图层1"图层，如图4-68所示。

图4-68

第2步 选择"图层1"图层，*1.* 单击【图层】菜单，*2.* 选择【新建调整图层】菜单项，*3.* 选择【色阶】子菜单项，如图4-69所示。

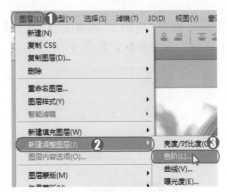

图4-69

第3步 弹出【新建图层】对话框，单击【确定】按钮，如图4-70所示。

图4-70

第4步 展开【属性】面板，设置参数，如图4-71所示。

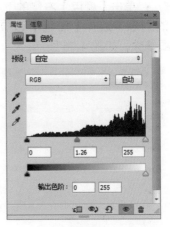

图4-71

Photoshop CC 图像编辑/调色/人像/抠图/修图/特效/合成（微课版）

第5步 新建"图层2"图层，设置前景色为暗紫色（RGB为75、0、73），如图4-72所示。

图4-72

第7步 新建"色阶2"调整图层，展开【属性】面板，设置参数，如图4-74所示。

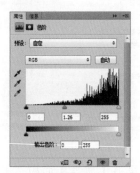

图4-74

第9步 *1.* 单击【颜色】右侧的下拉按钮，在弹出的列表中选择【黑色】选项，*2.* 设置各选项参数，如图4-76所示。

图4-76

第6步 填充前景色，*1.* 设置【不透明度】为60%，*2.* 设置【混合模式】为【滤色】，如图4-73所示。

图4-73

第8步 新建"可选颜色1"调整图层，*1.* 单击【颜色】右侧的下拉按钮，在弹出的列表中选择【中性色】选项，*2.* 设置各选项参数，如图4-75所示。

图4-75

第10步 通过以上步骤即可完成为图像添加镜头光晕的效果，如图4-77所示。

图4-77

实践经验与技巧

在本节的学习过程中，将侧重介绍和讲解与本章知识点有关的实践经验及技巧，主要包括转换图像为 CMYK 模式、转换图像为双色调模式、使用通道混合器命令调整图像颜色等方面的知识与操作技巧。

4.5.1 转换图像为CMYK模式

CMYK代表印刷图像时所用的印刷四色，分别是青、洋红、黄、黑，CMYK颜色模式是打印机唯一认可的彩色模式。CMYK模式虽然能弥补色彩方面的不足，但是运算速度很慢，这是因为Photoshop必须将CMYK转变成屏幕的RGB色彩值。

配套素材路径：配套素材 \ 第 4 章
素材文件名称：溪水 .jpg、转换图像为 CMYK 模式 .jpg

操作步骤 >> Step by Step

第1步 打开名为"溪水"的图像素材，**1.** 单击【图像】菜单，**2.** 选择【模式】菜单项，**3.** 选择【CMYK 颜色】子菜单项，如图 4-78 所示。

第2步 弹出 Adobe Photoshop CC 对话框，单击【确定】按钮，如图 4-79 所示。

图4-79

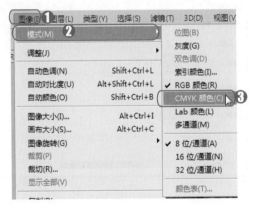

图4-78

第3步 图像已经转为 CMYK 模式，如图 4-80 所示。

图4-80

Photoshop CC 图像编辑/调色/人像/抠图/修图/特效/合成（微课版）

一点即通

一幅彩色图像不能多次在 RGB 与 CMYK 模式之间转换，因为每一次转换都会损失一次图像颜色质量。由青色、洋红、黄色叠加即生成红色、绿色、蓝色及黑色。黑色用来增加对比度，以补偿 CMY 产生黑度不足之用。由于印刷使用的油墨都包含一些杂质，单纯由 CMY 这 3 种油墨混合不能产生真正的黑色，因此需要一种黑色。

4.5.2　转换图像为双色调模式

双色调模式通过 1~4 种自定油墨创建单色调、双色调、三色调和四色调的灰度图像。如果希望将彩色图像模式转换为双色调模式，则必须先将图像转换为灰度模式，再转换为双色调模式。

> 配套素材路径：配套素材\第 4 章
> 素材文件名称：麦克 .jpg、转换图像为双色调模式 .jpg

操作步骤 >> Step by Step

第1步 打开名为"麦克"的图像素材，**1.** 单击【图像】菜单，**2.** 选择【模式】菜单项，**3.** 选择【双色调】子菜单项，如图 4-81 所示。

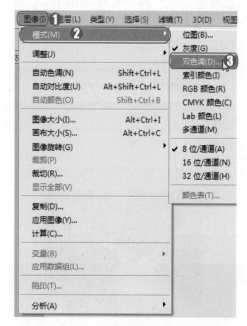

图4-81

第2步 弹出【双色调选项】对话框，**1.** 单击【类型】右侧的下拉按钮，在弹出的列表中选择【三色调】选项，**2.** 调整 3 个颜色色块的名称，并设置"油墨 1"RGB 为 225、79、79，"油墨 2"RGB 为 111、192、181，"油墨 3"RGB 为 126、236、105，**3.** 单击【确定】按钮，如图 4-82 所示。

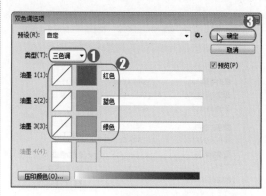

图4-82

第3步 图像已经转为双色调模式，如图 4-83 所示。

图 4-83

4.5.3　使用通道混合器命令调整图像颜色

微课堂

　　使用【通道混合器】命令可以用当前颜色通道的混合器修改颜色通道，但在使用该命令前要选择复合通道。

 配套素材路径：配套素材 \ 第 4 章

素材文件名称：鞋子 .jpg、使用通道混合器命令调整图像颜色 .jpg

操作步骤 >> Step by Step

第1步 打开名为"鞋子"的图像素材，**1.** 单击【图像】菜单，**2.** 选择【调整】菜单项，**3.** 选择【通道混合器】子菜单项，如图 4-84 所示。

图 4-84

第2步 弹出【通道混合器】对话框，**1.** 设置参数，**2.** 单击【确定】按钮，如图 4-85 所示。

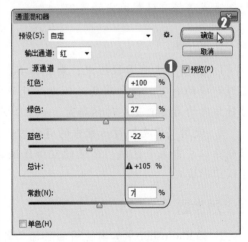

图 4-85

Photoshop CC 图像编辑/调色/人像/抠图/修图/特效/合成（微课版）

第3步 通过以上步骤即可完成使用【通道混合器】命令调整图像颜色的操作，如图 4-86 所示。

图4-86

Section 4.6 思考与练习

通过本章的学习，读者可以掌握调整图像色彩的基本知识以及一些常见的操作方法，在本节中将针对本章知识点进行相关知识测试，以达到巩固与提高的目的。

一、填空题

1. "填充"指的是在被编辑的图像文件中，可以对整体或局部使用＿＿＿＿、多色或＿＿＿＿进行覆盖。

2. 简单地说，填充操作可以分为＿＿＿＿和＿＿＿＿两种情况，前者就是在当前无任何选区或路径的情况下执行的填充操作，此时将对整体图像进行填充，而后者则是通过设置适当的选区或路径来限制填充的范围。

二、判断题

1. 在渐变工具属性栏中，渐变工具提供了4种渐变方式：线性渐变，从起点到终点作直线形状的渐变；径向渐变，从中心开始作圆形放射状渐变；角度渐变，从中心开始作逆时针方向的角度渐变；对称渐变，从中心开始作对称直线形状的渐变。

2. 使用【填充】对话框中的【内容识别】选项，可以将内容自动填补。运用此功能可以删除相片中某个区域，遗留的空白区域由Photoshop自动填补，即使是复杂的背景也同样可以识别填充。

三、思考题

1. 在Photoshop中如何使用油漆桶工具填充图案？

2. 在Photoshop中如何使用【自动色调】命令调整图像色彩？

第5章

图像修饰与修图

本章主
要内容

本章主要介绍修图基础、修饰图像细节、人像美容与美体和图像美化与润色方面的知识及技巧；在本章的最后还针对实际的工作需求，讲解匹配两张照片的颜色、使用色调分离命令和使用色调均化命令的方法。通过本章的学习，读者可以掌握图像修饰与修图方面的知识，为深入学习 Photoshop CC 知识奠定基础。

Photoshop CC 图像编辑/调色/人像/抠图/修图/特效/合成（微课版）

Section 5.1 修图基础

　　修图与当代的审美息息相关，目的是将图像修整得更为完美。在修图之前，要先了解修图的概念和分类，然后确定修图的思路和方法，最后选择合适的工具进行修图。本节介绍修图的概念和修图的分类方面的知识。

5.1.1 修图的概念

　　修图是指对已有的图片进行修饰加工，不仅可以为原图增光添彩、弥补缺陷，还能轻易完成拍摄中很难做到的特殊效果，以及对图片的再次创作。

5.1.2 修图的分类

　　根据图片的不同应用领域，修图分为不同的种类。如用于电商相关领域和广告业的商品图；用于人像摄影或影视相关领域的人像图；对照片进行二次构图、适度调色的新闻图等。

Section 5.2 修饰图像细节

　　在人像摄影照片的后期处理中，经常会对人物面部或身体部位进行一些必要的美化与修饰，使照片变得更漂亮、美观。本节主要介绍降低图像杂色、增加图像层次感、修复图片暗角、修复图像反光、恢复图像色调、锐化图片等内容。

5.2.1 降低图像杂色

　　由于拍摄换季、相机品质或相机设置等多种因素的影响，拍摄出来的照片可能会出现很多噪点，用户可以通过后期处理，减少照片中的杂色，使画面清晰亮丽。下面介绍降低图像杂色的具体方法。

配套素材路径：配套素材 \ 第 5 章
素材文件名称：苹果 .jpg、降低图像杂色 .jpg

操作步骤 >> Step by Step

第 1 步 打开名为"苹果"的图像素材，在【图层】面板中按 Ctrl+J 组合键，复制"背景"图层，得到"图层 1"图层，如图 5-1 所示。

图 5-1

第 3 步 弹出【减少杂色】对话框，**1.** 设置参数，**2.** 单击【确定】按钮，如图 5-3 所示。

图 5-3

第 2 步 **1.** 单击【滤镜】菜单，**2.** 选择【杂色】菜单项，**3.** 选择【减少杂色】子菜单项，如图 5-2 所示。

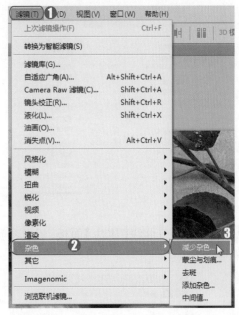

图 5-2

第 4 步 复制"图层 1"图层为"图层 1 拷贝"，**1.** 设置【混合模式】为【颜色加深】，**2.** 设置【不透明度】为 40%，如图 5-4 所示。

图 5-4

Photoshop CC 图像编辑/调色/人像/抠图/修图/特效/合成（微课版）

第5步 **1.** 单击【图层】菜单，**2.** 选择【新建调整图层】菜单项，**3.** 选择【曲线】子菜单项，如图 5-5 所示。

第6步 弹出【新建图层】对话框，单击【确定】按钮，如图 5-6 所示。

图 5-6

第8步 按 Ctrl+Alt+Shift+E 组合键，盖印可见图层，得到"图层 2"图层，执行【图像】→【调整】→【去色】命令，如图 5-8 所示。

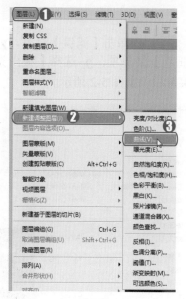

图 5-5

第7步 展开曲线【属性】面板，设置参数，如图 5-7 所示。

图 5-8

图 5-7

第9步 **1.** 设置该图层的【混合模式】为【叠加】，**2.** 设置【不透明度】为 30%，如图 5-9 所示。

第10步 **1.** 单击【滤镜】菜单，**2.** 选择【其他】菜单项，**3.** 选择【高反差保留】子菜单项，如图 5-10 所示。

图 5-9

第 11 步 弹出【高反差保留】对话框，**1.** 设置参数，**2.** 单击【确定】按钮，如图 5-11 所示。

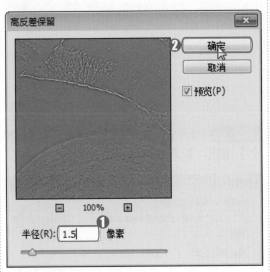

图 5-11

第 13 步 **1.** 单击【图层】菜单，**2.** 选择【拼合图像】菜单项，如图 5-13 所示。

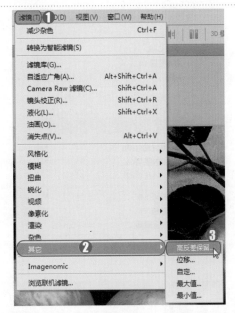

图 5-10

第 12 步 展开【历史记录】面板，新建"快照 1"选项，如图 5-12 所示。

图 5-12

第 14 步 通过以上步骤即可完成降低图像杂色的操作，如图 5-14 所示。

Photoshop CC 图像编辑/调色/人像/抠图/修图/特效/合成（微课版）

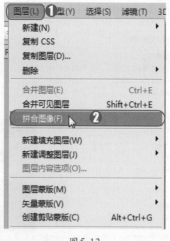

图 5-13

图 5-14

5.2.2　增加图像层次感

在拍摄照片时，可能由于光线或焦距等原因，拍摄的作品会丢失部分细节，用户可以通过后期处理，恢复照片的部分细节，增加照片的层次感，调出亮丽的照片。

> 配套素材路径：配套素材\第 5 章
> 素材文件名称：岩石 .jpg、增加图像层次感 .jpg

操作步骤 >> Step by Step

第1步 打开名为"岩石"的图像素材，**1.** 单击【图层】菜单，**2.** 选择【新建调整图层】菜单项，**3.** 选择【亮度 / 对比度】子菜单项，如图 5-15 所示。

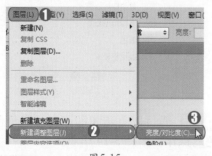

图 5-15

第2步 弹出【新建图层】对话框，单击【确定】按钮，如图 5-16 所示。

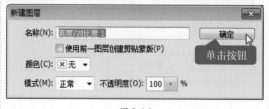

图 5-16

第3步　展开亮度 / 对比度【属性】面板，设置参数，如图 5-17 所示。

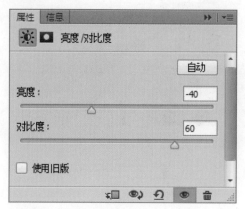

图5-17

第5步　使用相同方法新建"曲线 1"调整图层，展开【属性】面板，在曲线上添加一个节点，设置该点参数，如图 5-19 所示。

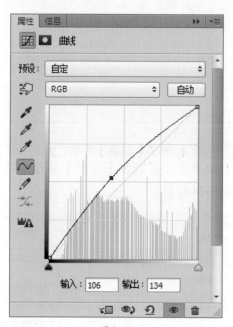

图5-19

第7步　展开【历史记录】面板，新建"快照 1"选项，如图 5-21 所示。

第4步　使用相同方法新建"色阶 1"调整图层，展开【属性】面板，设置各选项参数（输入色阶参数依次为 14、1.14、240），如图 5-18 所示。

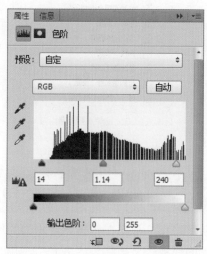

图5-18

第6步　使用相同方法新建"自然饱和度 1"调整图层，设置参数，如图 5-20 所示。

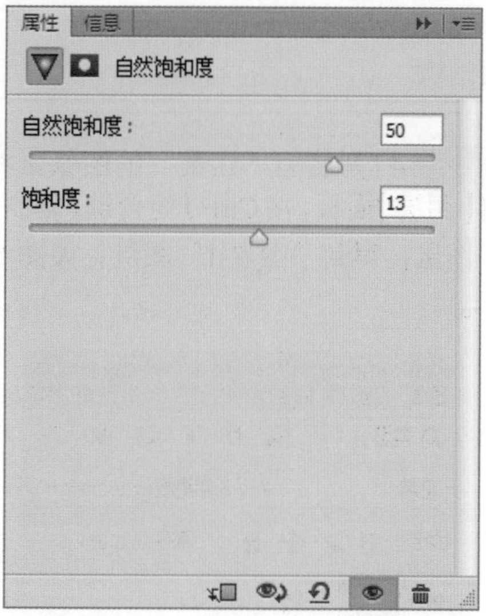

图5-20

第8步　执行【图层】→【拼合图像】命令。通过以上步骤即可完成增加图像层次感的操作，如图 5-22 所示。

Photoshop CC 图像编辑/调色/人像/抠图/修图/特效/合成（微课版）

图5-21

图5-22

5.2.3　修复图片暗角

所谓暗角，是指在拍摄亮度均匀的场景时，画面的四角却出现与实际景物不符的、亮度降低的现象，又被称为"失光"。用户可以通过后期处理去除照片暗角，还原照片的真实效果。

配套素材路径：配套素材 \ 第 5 章

素材文件名称：江景 .jpg、图片暗角修复 .jpg

操作步骤　>> Step by Step

第1步　打开名为"江景"的图像素材，展开【图层】面板，按Ctrl+J组合键，复制"背景"图层，得到"图层 1"图层，如图 5-23 所示。

图5-23

第2步　1.单击【图像】菜单，2.选择【调整】菜单项，3.选择【去色】子菜单项，如图 5-24 所示。

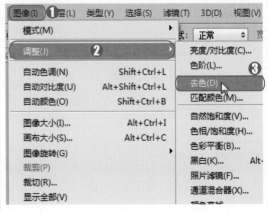

图5-24

第3步 执行【图像】→【调整】→【反相】命令，得到的效果如图 5-25 所示。

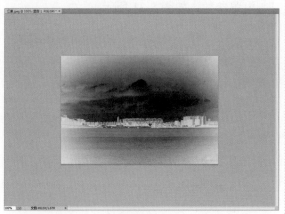

图 5-25

第5步 弹出【高斯模糊】对话框，**1.** 设置参数，**2.** 单击【确定】按钮，如图 5-27 所示。

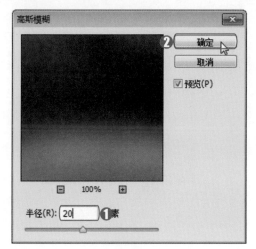

图 5-27

第7步 **1.** 单击【选择】菜单，**2.** 选择【色彩范围】菜单项，如图 5-29 所示。

图 5-29

第4步 **1.** 单击【滤镜】菜单，**2.** 选择【模糊】菜单项，**3.** 选择【高斯模糊】子菜单项，如图 5-26 所示。

图 5-26

第6步 展开【图层】面板，设置该图层的【混合模式】为【柔光】，如图 5-28 所示。

图 5-28

第8步 弹出【色彩范围】对话框，**1.** 选中【本地化颜色簇】复选框，**2.** 设置【颜色容差】为 90，**3.** 选中【选择范围】单选按钮，**4.** 单击【添加到取样】按钮，**5.** 拖曳鼠标指针到图像预览窗口中，单击取样，**6.** 单击【确定】按钮，如图 5-30 所示。

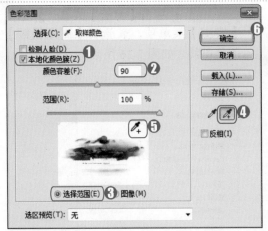

图 5-30

第10步 展开【历史记录】面板，新建"快照1"选项，如图 5-32 所示。

图 5-32

第9步 即可创建选区，新建"亮度/对比度1"调整图层，展开【属性】面板，设置参数，如图 5-31 所示。

图 5-31

第11步 执行【图层】→【拼合图像】命令，即可完成修复图片暗角的操作，如图 5-33 所示。

图 5-33

5.2.4 修复图像反光

Photoshop还可以修复反光过度图像，下面介绍修复图像反光的操作方法。

配套素材路径：配套素材\第 5 章
素材文件名称：蛋糕 .jpg、修复图像反光 .jpg

操作步骤 >> Step by Step

第1步 打开名为"蛋糕"的图像素材，执行【选择】→【色彩范围】命令，弹出【色彩范围】对话框，**1.** 设置参数，**2.** 拖曳鼠标指针至图像编辑窗口高光处，单击取样，**3.** 单击【确定】按钮，如图5-34所示。

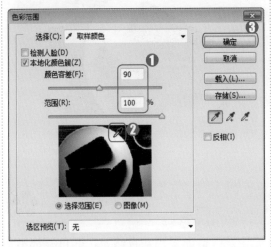

图5-34

第3步 新建"色阶1"调整图层，展开【属性】面板，设置各选项参数，如图5-36所示。

图5-36

第2步 创建选区，按 Shift+F6 组合键，弹出【羽化选区】对话框，**1.** 设置参数，**2.** 单击【确定】按钮，如图5-35所示。

图5-35

第4步 新建"亮度／对比度1"调整图层，展开【属性】面板，设置各选项参数，如图5-37所示。

图5-37

第5步 **1.** 在弹出的列表中选择【中间调】选项，**2.** 设置参数，如图5-38所示。

图5-38

第6步 单击【色调】右侧的下拉按钮，
1. 在弹出的列表中选择【阴影】选项，
2. 设置参数，如图5-39所示。

图5-39

第7步 展开【历史记录】面板，新建"快照1"选项，执行【图层】→【拼合图像】命令，即可完成修复图像反光的操作，如图5-40所示。

图5-40

5.2.5 恢复图像色调

控制色温可以通过调节色彩平衡来实现。无论是人造光源还是自然光，其色温都不是一成不变的，为了获得好的色彩还原效果，就要准确地调整相应的白平衡设置。

配套素材路径：配套素材\第5章
素材文件名称：植物.jpg、恢复图像色调.jpg

操作步骤 >> Step by Step

第1步 打开名为"植物"的图像素材，新建"曲线1"调整图层，展开【属性】面板，设置参数，如图5-41所示。

图5-41

第2步 单击【绿】下拉按钮，在弹出的列表中选择【红】选项，在曲线上添加一个节点，设置参数，如图5-42所示。

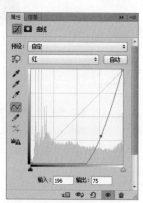

图5-42

第3步　新建"选取颜色1"调整图层，展开【属性】面板，**1.** 单击【颜色】右侧的下拉按钮，选择【绿色】选项，**2.** 设置参数，如图 5-43 所示。

图 5-43

第5步　新建"色阶1"调整图层，展开【属性】面板，设置各参数，如图 5-45 所示。

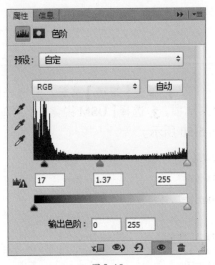

图 5-45

第7步　展开【历史记录】面板，新建"快照1"选项，如图 5-47 所示。

第4步　**1.** 单击【颜色】右侧的下拉按钮，选择【青色】选项，**2.** 设置参数，如图 5-44 所示。

图 5-44

第6步　新建"自然饱和度1"调整图层，展开【属性】面板，设置各参数，如图 5-46 所示。

图 5-46

第8步　执行【图层】→【拼合图像】命令，即可完成恢复图像色调的操作，如图 5-48 所示。

Photoshop CC 图像编辑/调色/人像/抠图/修图/特效/合成（微课版）

图 5-47

图 5-48

5.2.6　锐化图片　　微课堂

　　【USM锐化】滤镜是最常用到的照片锐化功能，它可以快速聚焦模糊边缘，提高图像中某一部位的清晰度或焦距程度，使图像特定区域的色彩更加鲜明。

配套素材路径：配套素材\第5章	
素材文件名称：梅花.jpg、锐化图片.jpg	

操作步骤 >> Step by Step

第1步　打开名为"梅花"的图像素材，在【图层】面板中按Ctrl+J组合键，复制"背景"图层，得到"图层1"图层，如图5-49所示。

图 5-49

第2步　1.单击【滤镜】菜单，2.选择【锐化】菜单项，3.选择【USM锐化】子菜单项，如图5-50所示。

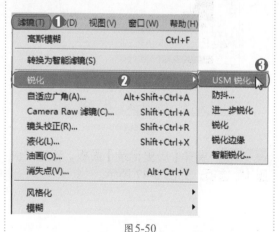

图 5-50

第3步 弹出【USM 锐化】对话框，**1.** 设置参数，**2.** 单击【确定】按钮，如图 5-51 所示。

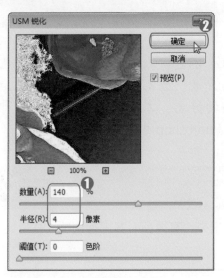

图 5-51

第5步 执行【图像】→【调整】→【去色】命令，再执行【滤镜】→【其他】→【高反差保留】命令，弹出【高反差保留】对话框，**1.** 设置参数，**2.** 单击【确定】按钮，如图 5-53 所示。

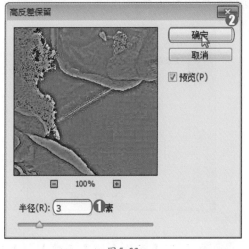

图 5-53

第4步 在【图层】面板中，按 Ctrl+J 组合键，复制"图层 1"，得到"图层 1 拷贝"图层，设置该图层的【混合模式】为【叠加】，如图 5-52 所示。

设置图层 1 拷贝的混合模式

图 5-52

第6步 在【历史记录】面板中新建"快照 1"选项，执行【图层】→【拼合图像】命令，即可完成锐化图片的操作，如图 5-54 所示。

图 5-54

Photoshop CC 图像编辑/调色/人像/抠图/修图/特效/合成（微课版）

Section 5.3 人像美容与美体

时代在变，爱美之心永不变，人人都有着一颗让自己变得更美的心。随着科技的发展，整形、美容、美发、祛斑、染发烫发等已经成为时尚的标志。本节将通过对人物头部的处理与修饰，详细介绍在 Photoshop 中美容的方法。

5.3.1 牙齿美白

微课堂

在Photoshop中，用户可以将牙齿的部分抠取出来，再单独对其进行调整，打造亮白的牙齿。

配套素材路径：配套素材＼第 5 章	
素材文件名称：01.jpg、牙齿美白 .jpg	

操作步骤 >> Step by Step

第1步 打开名为 01 的图像素材，使用工具箱中的【钢笔工具】，在人物牙齿上制作一个封闭路径，如图 5-55 所示。

第2步 在【路径】面板中，单击【将路径作为选区载入】按钮 ，将路径转换为选区，如图 5-56 所示。

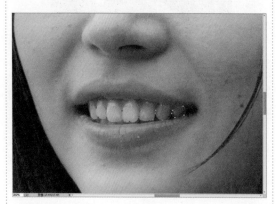

图 5-55

图 5-56

第3步 按 Ctrl+J 组合键，在【图层】面板中新建"图层1"图层，执行【图像】→【调整】→【色阶】命令，弹出【色阶】对话框，**1.** 设置各选项参数，**2.** 单击【确定】按钮，如图 5-57 所示。

第4步 执行【图像】→【调整】→【色彩平衡】命令，弹出【色彩平衡】对话框，**1.** 设置各选项参数，**2.** 单击【确定】按钮，如图 5-58 所示。

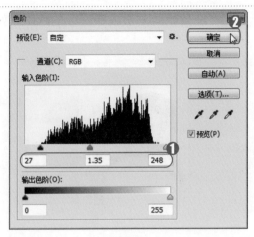

图 5-57

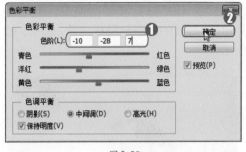

图 5-58

图 5-59

第5步　通过以上步骤即可完成牙齿美白的操作，如图 5-59 所示。

5.3.2　去除红眼

在拍照时，有时眼睛在闪光灯的作用下会产生红眼，在Photoshop中，可以使用红眼工具消除红眼。

 配套素材路径：配套素材 \ 第 5 章

素材文件名称：02.jpg、去除红眼 .jpg

操作步骤　>>　Step by Step

第1步　打开名为 02 的图像素材，选取工具箱中的【红眼工具】，如图 5-60 所示。

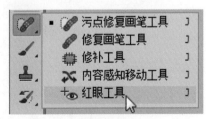

图 5-60

第2步　在工具属性栏中设置【瞳孔大小】为 50%，【变暗量】为 50%，如图 5-61 所示。

图 5-61

Photoshop CC 图像编辑/调色/人像/抠图/修图/特效/合成（微课版）

第3步 移动光标至图像窗口，在左眼处单击，右眼的红眼已经被去除，如图5-62所示。

图5-62

第4步 使用相同方法去除左眼的红眼，如图5-63所示。

图5-63

5.3.3 去除皱纹

微课堂

在Photoshop中可以使用修复画笔工具来去除脸部的皱纹。

配套素材路径：配套素材 \ 第 5 章	
素材文件名称：03.jpg、去除皱纹 .jpg	

操作步骤 >> Step by Step

第1步 打开名为 03 的素材，选取工具箱中的【修复画笔工具】，*1.* 单击工具属性栏中【画笔】右侧的下拉按钮，*2.* 在弹出的选项面板中设置参数，如图5-64所示。

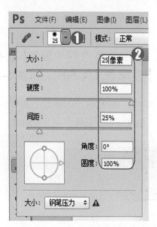

图5-64

第2步 选择一块没有皱纹的皮肤，按住Alt 键单击鼠标左键进行取样，在需要进行修复的地方单击鼠标左键，进行修复，可以看到左边已经修复的眼下皮肤没有皱纹，与右边眼下皱纹对比如图5-65所示。

图5-65

5.3.4 放大眼睛

在Photoshop中可以在【液化】对话框中选择【膨胀工具】，通过参数的设置，调整眼睛的大小。

配套素材路径：配套素材\第5章
素材文件名称：04.jpg、放大眼睛.jpg

操作步骤 >> Step by Step

第1步 打开名为04的素材，**1.** 单击【滤镜】菜单，**2.** 选择【液化】菜单项，如图5-66所示。

图5-66

第2步 弹出【液化】对话框，在对话框左上角单击【膨胀工具】按钮，如图5-67示。

图5-67

第3步 在对话框右侧设置相应参数，如图5-68所示。

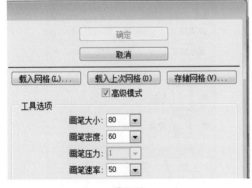

图5-68

第4步 拖曳鼠标指针至图像预览窗口人物的眼睛处，单击鼠标左键，放大眼睛，如图5-69所示。

图5-69

Photoshop CC 图像编辑/调色/人像/抠图/修图/特效/合成（微课版）

 5.3.5　　　**制作美甲**

在Photoshop中可以使用调整混合模式的方式，为人像制作美甲。

> 配套素材路径：配套素材 \ 第 5 章
> 素材文件名称：05.jpg、制作美甲 .jpg

操作步骤　>> Step by Step

第1步　打开名为 05 的素材，单击工具箱中的【钢笔工具】按钮，在图像上的指甲处绘制封闭路径，如图 5-70 所示。

图 5-70

第3步　新建图层，得到"图层 1"图层，设置前景色为暗红色（RGB 参数为 157、39、61），在选区内填充前景色，如图 5-72 所示。

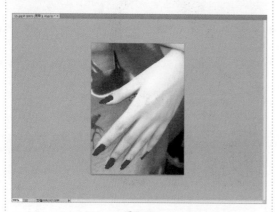

图 5-72

第2步　按 Ctrl+Enter 组合键将路径转换为选区，并将选区羽化 1 像素，如图 5-71 所示。

图 5-71

第4步　设置"图层 1"的【混合模式】为【颜色加深】，如图 5-73 所示。

图 5-73

第5步 **1.** 单击【图像】菜单，**2.** 选择【调整】菜单项，**3.** 选择【亮度 / 对比度】子菜单项，如图 5-74 所示。

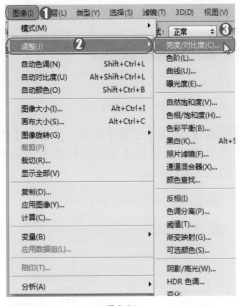

图 5-74

第6步 弹出【亮度 / 对比度】对话框，**1.** 设置【亮度】和【对比度】参数均为 9，**2.** 单击【确定】按钮，如图 5-75 所示。

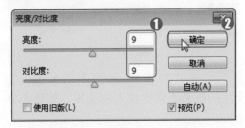

图 5-75

第7步 取消选区。通过以上步骤即可完成制作美甲的操作，如图 5-76 所示。

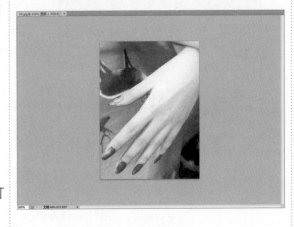

图 5-76

5.3.6 皮肤美白

在 Photoshop 中可以利用图层蒙版美白皮肤。

 配套素材路径：配套素材 \ 第 5 章

素材文件名称：06.jpg、皮肤美白 .jpg

操作步骤 >> Step by Step

第1步 打开名为 06 的素材，按 Ctrl+J 组合键复制图层，得到 "图层 1" 图层，执行【图像】→【调整】→【色阶】命令，如图 5-77 所示。

第2步 弹出【色阶】对话框，**1.** 设置参数，**2.** 单击【确定】按钮，如图 5-78 所示。

Photoshop CC 图像编辑/调色/人像/抠图/修图/特效/合成（微课版）

图 5-77

第3步 为"图层1"添加图层蒙版，运用黑色的画笔工具涂抹人物头发，如图 5-79 所示。

图 5-79

第5步 弹出【自然饱和度】对话框，**1.** 设置参数，**2.** 单击【确定】按钮，如图 5-81 所示。

图 5-81

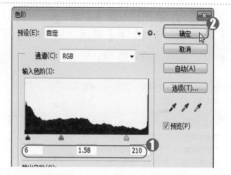

图 5-78

第4步 **1.** 单击【图像】菜单，**2.** 选择【调整】菜单项，**3.** 选择【自然饱和度】子菜单项，如图 5-80 所示。

图 5-80

第6步 通过以上步骤即可完成美白皮肤的操作，如图 5-82 所示。

图 5-82

5.3.7　添加文身

在Photoshop中可以采用改变图层混合模式的方法，为人物添加文身。

配套素材路径：配套素材 \ 第 5 章

素材文件名称：07.jpg、08.psd、添加文身 .jpg

操作步骤 >> Step by Step

第1步 打开名为 07 和 08 的素材，将 08 素材拖曳至 07 素材窗口中，如图 5-83 所示。

图 5-83

第3步 **1.** 在【图层】面板中设置文身图层的【混合模式】为【正片叠底】，**2.** 单击【添加图层蒙版】按钮，创建图层蒙版，单击【画笔工具】按钮，设置前景色为黑色，擦除多余的部分，**3.** 设置【不透明度】为80%，如图 5-85 所示。

图 5-85

第2步 按 Ctrl+T 组合键，调出自由变换控制框，调整文身图像的大小和位置，如图 5-84 所示。

图 5-84

第4步 通过以上步骤即可完成添加文身的操作，如图 5-86 所示。

图 5-86

Photoshop CC 图像编辑/调色/人像/抠图/修图/特效/合成（微课版）

5.3.8 瘦腿

在Photoshop中可以在【液化】对话框中选择【向前变形工具】，调整人物的腿部线条，打造纤细美腿。

 配套素材路径：配套素材 \ 第 5 章

素材文件名称：09.jpg、瘦腿 .jpg

操作步骤 >> Step by Step

第1步 打开名为 09 的素材，复制"背景"图层，得到"背景拷贝"图层，执行【滤镜】→【液化】命令，如图 5-87 所示。

图 5-87

第3步 单击【向前变形工具】按钮，在【工具选项】区设置笔刷各项参数，如图 5-89 所示。

图 5-89

第2步 弹出【液化】对话框，单击【冻结蒙版工具】按钮，在图像中的合适位置涂抹，如图 5-88 所示。

图 5-88

第4步 将鼠标指针拖曳到图像上，单击并拖动鼠标左键进行涂抹，涂抹完成后单击【确定】按钮，如图 5-90 所示。

图 5-90

第5步 通过以上步骤即可完成瘦腿的操作，如图 5-91 所示。

图 5-91

Section 5.4 专题课堂——图像美化与润色

　　在一张图像中，色彩不只是真实地记录下物体，还能够带给人们不同的心理感受。创造性地使用色彩，可以营造各种独特的氛围和意境，使图像更具表现力。本节将详细介绍图像美化与润色方面的知识。

5.4.1 匹配两张照片的颜色  微课堂

　　在Photoshop中可以使用【匹配颜色】命令让一张照片的颜色与另一张照片的颜色相匹配。

	配套素材路径：配套素材＼第 5 章
	素材文件名称：街道 .jpg、向日葵 .jpg、匹配颜色 .jpg

操作步骤 >> Step by Step

第1步 打开名为"街道"和"向日葵"的素材，选择"街道"素材，将其设置为当前文档，执行【图像】→【调整】→【匹配颜色】命令，如图 5-92 所示。

第2步 弹出【匹配颜色】对话框，**1.** 在【图像选项】区域设置参数，**2.** 单击【源】下拉按钮，选择【向日葵】选项，**3.** 单击【确定】按钮，如图 5-93 所示。

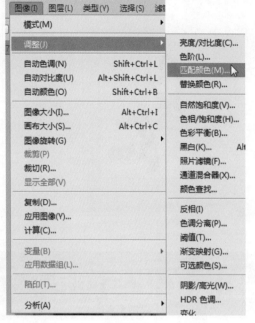

图 5-92

图 5-93

第3步 通过以上步骤即可完成匹配两张照片颜色的操作，如图 **5-94** 所示。

图 5-94

5.4.2 使用色调分离命令

使用【色调分离】命令可以按照指定的色阶数减少图像的颜色，从而简化图像内容。该命令适合创建大面积的单调区域。

  配套素材路径：配套素材 \ 第 5 章
素材文件名称：洋娃娃 .jpg、色调分离 .jpg

操作步骤 >> Step by Step

第1步 打开名为"洋娃娃"的素材，将其设置为当前文档，执行【图像】→【调整】→【色调分离】命令，如图 5-95 所示。

第2步 弹出【色调分离】对话框，**1.** 设置参数，**2.** 单击【确定】按钮，如图 5-96 所示。

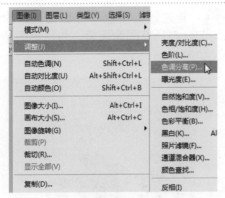

图 5-95

图 5-96

图 5-97

第3步　通过以上步骤即可完成使用【色调分离】命令的操作，如图 5-97 所示。

5.4.3　使用色调均化命令

使用【色调均化】命令可以重新分布像素的亮度值，将最亮的值调整为白色，最暗的值调整为黑色，中间值分布在整个灰度范围中，使它们更均匀地呈现所有范围的亮度级别。

配套素材路径：配套素材 \ 第 5 章

素材文件名称：卡通 .jpg、色调均化 .jpg

操作步骤　>> Step by Step

第1步　打开名为"卡通"的素材，在图像上创建矩形选区，如图 5-98 所示。

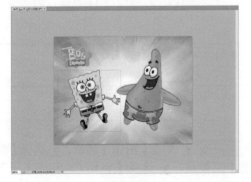

图 5-98

第2步　执行【图像】→【调整】→【色调均化】命令，如图 5-99 所示。

图 5-99

Photoshop CC 图像编辑/调色/人像/抠图/修图/特效/合成（微课版）

第3步 弹出【色调均化】对话框，**1.** 选中【基于所选区域色调均化整个图像】单选按钮，**2.** 单击【确定】按钮，如图 5-100 所示。

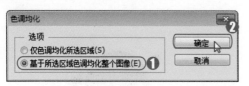

图 5-100

第4步 通过以上步骤即可根据选区内的像素均匀分布所有图像像素，包括选区外的像素，如图 5-101 所示。

图 5-101

Section 5.5 实践经验与技巧

在本节的学习过程中，将侧重介绍和讲解与本章知识点有关的实践经验及技巧，主要包括为人物添加唇彩、为人物添加眼影、改变美食图片色调等方面的知识与操作技巧。

5.5.1 为人物添加唇彩

可以在Photoshop中将嘴唇的部分建立选区，只对选区内的图像进行调整，打造艳丽唇色。

> 配套素材路径：配套素材 \ 第 5 章
> 素材文件名称：10.jpg、添加唇彩 .jpg

操作步骤 >> Step by Step

第1步 打开名为 10 的素材文件，单击工具箱中的【钢笔工具】按钮，勾勒嘴唇的外轮廓，并创建选区，如图 5-102 所示。

第2步 **1.** 单击【图像】菜单，**2.** 选择【调整】菜单项，**3.** 选择【色相 / 饱和度】子菜单项，如图 5-103 所示。

图 5-102

图 5-103

第3步 弹出【色相 / 饱和度】对话框，**1.** 设置参数，**2.** 单击【确定】按钮，如图 5-104 所示。

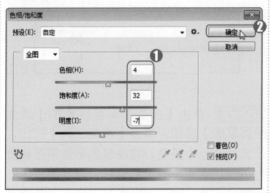

图 5-104

第4步 通过以上步骤即可完成为人物添加唇彩的操作，如图 5-105 所示。

图 5-105

5.5.2　为人物添加眼影

可以在Photoshop中对人物眼睛的部分建立选区，只对选区内的图像进行调整，打造艳丽眼妆。

配套素材路径：配套素材 \ 第 5 章
素材文件名称：11.jpg、添加眼影 .jpg

操作步骤 >> Step by Step

第1步 打开名为 11 的素材文件，单击工具箱中的【钢笔工具】按钮，绘制一个路径，如图 5-106 所示。

第2步 在【路径】面板中，单击【将路径作为选区载入】按钮，将路径转换为选区，如图 5-107 所示。

Photoshop CC 图像编辑/调色/人像/抠图/修图/特效/合成（微课版）

图5-106

图5-107

第3步　**1.** 单击【选择】菜单，**2.** 选择【修改】菜单项，**3.** 选择【羽化】子菜单项，如图5-108所示。

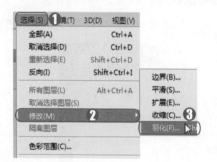

图5-108

第5步　新建"图层1"图层，设置前景色为玫红色（RGB参数为236、139、171），按Alt+Delete组合键，在选区内填充前景色，并取消选区，如图5-110所示。

图5-110

第4步　弹出【羽化选区】对话框，**1.** 设置参数，**2.** 单击【确定】按钮，如图5-109所示。

图5-109

第6步　单击【图层】面板底部的【添加图层蒙版】按钮，单击【画笔工具】按钮，设置前景色为黑色，将画笔的不透明度设置为20%，在眼皮处进行涂抹，隐藏部分填充的颜色。通过以上步骤即可完成为人物添加眼影的操作，如图5-111所示。

图5-111

5.5.3 改变美食图片色调

用户可以在Photoshop中将菜肴的部分建立选区，只对选区内的图像进行调整，打造美食图片。

配套素材路径：配套素材 \ 第 5 章
素材文件名称：美食 .jpg、改变色调 .jpg

操作步骤 >> Step by Step

第1步 打开名为"美食"的素材文件，新建"自然饱和度1"调整图层，展开【属性】面板，设置【自然饱和度】为 100，如图 5-112 所示。

图 5-112

第2步 新建"选取颜色 1"调整图层，展开【属性】面板，*1.* 在【颜色】下拉列表中选择【红色】选项，*2.* 设置选项参数，如图 5-113 所示。

图 5-113

第3步 *1.* 在【颜色】下拉列表中选择【绿色】选项，*2.* 设置选项参数，如图 5-114 所示。

图 5-114

第4步 *1.* 在【颜色】下拉列表中选择【黑色】选项，*2.* 设置选项参数，如图 5-115 所示。

图 5-115

Photoshop CC 图像编辑/调色/人像/抠图/修图/特效/合成（微课版）

第5步 通过以上步骤即可完成改变美食图片色调的操作，如图 5-116 所示。

图5-116

Section 5.6 思考与练习

通过本章的学习，读者可以掌握图像修饰与修图的基本知识以及一些常见的操作方法，在本节中将针对本章知识点进行相关知识测试，以达到巩固与提高的目的。

一、填空题

1. 根据图片的不同应用领域，修图可分为不同的种类。如用于电商相关领域和广告业的_____；用于人像摄影或影视相关领域的_____；对照片进行二次构图、适度调色的_____等。

2. 所谓_____，是指在拍摄亮度均匀的场景时，画面的四角却出现与实际景物不符的、亮度降低的现象，又被称为_____。

二、判断题

1. 修图是指对已有的图片进行修饰加工，不仅可以为原图增光添彩、弥补缺陷，还能轻易完成拍摄中很难做到的特殊效果，以及对图片的再次创作。

2. 控制色温可以通过调节色彩平衡来实现，无论是人造光源还是自然光，其色温都是一成不变的，为了获得好的色彩还原效果，就要准确地调整相应的白平衡设置。

三、思考题

1. 在Photoshop CC中如何恢复图像色调？

2. 在Photoshop CC中如何匹配两张照片的颜色？

第6章

图像抠图基础操作

本章主
要内容

本章主要介绍绘制形状选区抠图、选区的基本操作、修改选区、使用魔棒工具 131 抠图和快速选择工具方面的知识与技巧；在本章的最后还针对实际的工作需求，讲解存储选区、载入选区和在选区内添加图像的方法。通过本章的学习，读者可以掌握图像抠图基础操作方面的知识，为深入学习 Photoshop CC 知识奠定基础。

Section 6.1 绘制形状选区抠图

　　边缘为圆形、椭圆形和矩形的对象，可以用选框工具来选择；边缘为直线的对象，可以用多边形套索工具来选择；如果对选区的形状和准确度要求不高，可以用套索工具徒手快速绘制选区。

6.1.1 使用矩形选框工具抠图

　　【矩形选框工具】用于创建矩形和正方形选区，用户还可以在工具属性栏上进行相应选项的设置。

配套素材路径：配套素材 \ 第 6 章
素材文件名称：01.jpg、01.psd

操作步骤 >> Step by Step

第1步　打开名为 01.jpg 的素材图像，单击工具箱中的【矩形选框工具】按钮 ▣，在编辑窗口中单击并拖动鼠标绘制选区，如图 6-1 所示。

第2步　按 Ctrl+J 组合键，复制选区内的图像，建立一个新图层，并隐藏"背景"图层。通过以上步骤即可完成使用【矩形选框工具】抠图的操作，如图 6-2 所示。

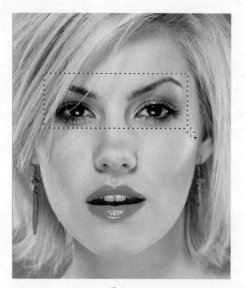

图6-1

图6-2

【矩形选框工具】属性栏中各选项如图6-3所示，基本含义如下。

图6-3

> 【羽化】选项：用来设置选区的羽化范围。
> 【样式】下拉列表：用来设置创建选区的方法。选择【正常】选项，可以通过拖动鼠标创建任意大小的选区；选择【固定比例】选项，可在右侧设置【宽度】和【高度】比例；选择【固定大小】选项，可在右侧设置【宽度】和【高度】数值。单击【高度和宽度互换】按钮 ⇄，可以切换【宽度】和【高度】值。
> 【调整边缘】按钮：用来对选区进行平滑、羽化等处理。

 知识拓展

　　按 M 键，可以快速选取【矩形选框工具】；按 Shift 键，可创建正方形选区；按 Alt 键，可创建以起点为中心的矩形选区；按 Alt+Shift 组合键，可创建以起点为中心的正方形。

6.1.2 使用椭圆选框工具抠图

　　【椭圆选框工具】主要用于创建椭圆或正圆选区，用户还可以在工具属性栏上进行相应选项的设置。

配套素材路径：配套素材 \ 第 6 章	
素材文件名称：02.jpg、02.psd	

操作步骤 >> Step by Step

第1步 打开名为 02.jpg 的素材图像，单击工具箱中的【椭圆选框工具】按钮 ⬭，在编辑窗口中单击并拖动鼠标绘制选区，如图 6-4 所示。

第2步 按 Ctrl+J 组合键，复制选区内的图像，建立一个新图层，并隐藏"背景"图层。通过以上步骤即可完成使用【椭圆选框工具】抠图的操作，如图 6-5 所示。

图6-4

图6-5

Photoshop CC 图像编辑/调色/人像/抠图/修图/特效/合成（微课版）

 知识拓展

按 Shift+M 组合键，可以快速选取【椭圆选框工具】；按 Shift 键，可创建正圆选区；按 Alt 键，可创建以起点为中心的椭圆选区；按 Alt+Shift 组合键，可创建以起点为中心的正圆选区。

6.1.3	使用套索工具抠图

使用【套索工具】，可以对不规则形状进行抠图。

配套素材路径：配套素材 \ 第 6 章
素材文件名称：03.jpg、03.psd

操作步骤 >> Step by Step

第1步 打开名为 **03.jpg** 的素材图像，单击工具箱中的【套索工具】按钮 ，在编辑窗口中单击并拖动鼠标绘制选区，如图 6-6 所示。

第2步 按 Ctrl+J 组合键，复制选区内的图像，建立一个新图层，并隐藏"背景"图层。通过以上步骤即可完成使用【套索工具】抠图的操作，如图 6-7 所示。

图6-6

图6-7

　　【套索工具】主要用来选取对选区精度要求不高的区域，该工具的最大优势是选取选区的效率很高。

6.1.4	使用多边形套索工具抠图

使用【多边形套索工具】可以创建由直线构成的选区，适合选择边缘为直线的对象。

配套素材路径：配套素材 \ 第 6 章
素材文件名称：04.jpg、05.jpg、04.psd

操作步骤　>> Step by Step

第1步　打开名为 04.jpg 的素材图像，单击工具箱中的【多边形套索工具】按钮，在编辑窗口中单击并拖动鼠标绘制选区，如图 6-8 所示。

图6-8

第2步　按 Ctrl+J 组合键，复制选区内的图像，建立一个新图层，打开名为 05.jpg 的素材，将其拖曳到 04.jpg 素材窗口中，如图6-9所示。

图6-9

第3步　按 Alt+Ctrl+G 组合键，创建剪贴蒙版，即可在窗口内看到另外一种景色，如图 6-10 所示。

■ 指点迷津

　　使用【多边形套索工具】时，按住 Alt 键单击并拖动鼠标，可以切换为【套索工具】，此时拖动鼠标可徒手绘制选区；释放 Alt 键可恢复为【多边形套索工具】。

图6-10

6.1.5　使用磁性套索工具抠图

　　使用【磁性套索工具】可以自动识别对象的边界。如果对象的边缘比较清晰，并且与背景对比明显，可以使用该工具快速选择对象。

配套素材路径：配套素材\第6章
素材文件名称：06.jpg、06.psd

操作步骤 >> Step by Step

第1步 打开名为 06.jpg 的素材图像，单击工具箱中的【磁性套索工具】按钮，在水果边缘单击，沿着其边缘移动光标，Photoshop 会在光标经过处放置一定数量的锚点来连接选区，如图 6-11 所示。

第2步 将光标移至起点处，单击可以封闭选区，按 Ctrl+J 组合键，复制选区内的图像，建立一个新图层，并隐藏"背景"图层。通过以上步骤即可完成使用【磁性套索工具】抠图的操作，如图 6-12 所示。

图6-11

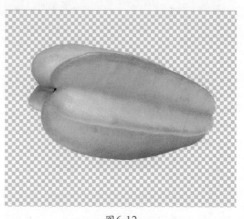
图6-12

【磁性套索工具】选项栏中包含影响该工具性能的几个重要选项，如图6-13所示，有关选项的基本含义如下。

图6-13

➢ 【宽度】选项：该值决定了以光标中心为基准，其周围有多少像素能够被工具检测到。如果对象边界清晰，可使用一个较大的宽度值；如果边界不是特别清晰，则需要使用一个较小的宽度值。

➢ 【对比度】选项：用来设置工具感应图像边缘的灵敏度。较高的数值只检测与它们的环境对比鲜明的边缘；较低的数值则检测低对比度边缘。如果图像的边缘清晰，可将该值设置得高一些；如果边缘不是特别清晰，则设置得低一些。

➢ 【频率】选项：在使用【磁性套索工具】创建选区的过程中，会生成许多锚点，频率决定了锚点的数量。该值越高，生成的锚点数量越多，捕捉到的边界越准确，但是过多的锚点会造成选区的边缘不够光滑。

➢ 【钢笔压力】按钮：如果计算机配置有数位板和压感笔，可以单击该按钮，Photoshop会根据压感笔的压力自动调整工具的检测范围。例如，增大压力会导致边缘宽度减小。

　　　　Photoshop 中的选区作为一个非实体对象，也可以对其进行运算、全选与反选、取消选择与重新选择、移动与变换、存储与载入等操作。本节将详细介绍选区的基本操作方面的知识。

6.2.1 选区的运算

　　如果当前图像中包含选区，在使用任何选框工具、套索工具或魔棒工具创建选区时，属性栏中就会出现选区运算的相关工具，如图6-14所示，有关工具介绍如下。

图6-14

➤ 【新选区】按钮 ▢：单击该按钮，可以创建一个新选区，如图6-15所示。如果已经存在选区，那么新创建的选区将替代原来的选区。

➤ 【添加到选区】按钮 ▢：单击该按钮，可以将当前创建的选区添加到原来的选区中（按Shift键也可以实现相同的操作），如图6-16所示。

图6-15

图6-16

➤ 【从选区中减去】按钮 ▢：单击该按钮，可以将当前创建的选区从原来的选区中减去（按Alt键也可以实现相同的操作），如图6-17所示。

➤ 【与选区交叉】按钮 ▢：单击该按钮，新建选区时只保留原有选区与新创建的选区相交的部分（按Shift+Alt组合键也可以实现相同的操作），如图6-18所示。

Photoshop CC 图像编辑/调色/人像/抠图/修图/特效/合成（微课版）

图6-17

图6-18

6.2.2　全选与反选

全选常用于复制整个文档中的图像；创建选区后，选择反选命令可以选择选区以外的选区。

配套素材路径：配套素材\第6章
素材文件名称：07.jpg、07.psd

操作步骤 >> Step by Step

第1步　打开名为 07.jpg 的素材图像，**1.** 单击【选择】菜单，**2.** 选择【全部】菜单项，如图 6-19 所示。

图6-19

第2步　即可将整幅图像作为选区选中，如图 6-20 所示。

图6-20

第3步　在图像内使用【矩形选框工具】框选选区，在选区内右击，在弹出的快捷菜单中选择【选择反向】菜单项，如图 6-21 所示。

第4步　按 Ctrl+J 组合键，复制选区内的图像，建立一个新图层，并隐藏"背景"图层。通过以上步骤即可完成反选的操作，如图 6-22 所示。

图6-21

图6-22

6.2.3　取消选择与重新选择

　　如果创建了错误的选区，可以将其取消，执行【选择】→【取消选择】命令（见图6-23），即可取消选区，也可以按Ctrl+D组合键进行取消。

　　要对撤销的选区重新编辑，可以执行【选择】→【重新选择】命令（见图6-24），也可以按Shift+Ctrl+D组合键。

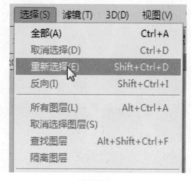

图6-23

图6-24

6.2.4　隐藏与显示选区

　　创建选区后，执行【视图】→【显示】→【选区边缘】命令（见图6-25），或者按Ctrl+H组合键，可以隐藏选区（注意，隐藏选区后，选区仍然存在）；如果要将隐藏的选区显示出来，可以再次执行【视图】→【显示】→【选区边缘】命令，或者按Ctrl+H组合键。

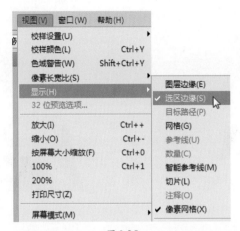

图6-25

6.2.5　移动选区

创建选区，将光标移至选区内，光标变为白色箭头，拖曳即可移动选区，拖曳过程中光标箭头变为黑色，如图6-26和图6-27所示。

图6-26　　　　　　　　　　　　　　　　　图6-27

使用选框工具创建选区时，在松开鼠标左键之前，按住Space键（即空格键）拖曳，可以移动选区。

在包含选区的状态下，按键盘上的→、←、↑和↓键可以以1像素的距离移动选区。

6.2.6　变换选区

变换选区可以改变选取的形状和位置，还可以缩放或旋转选区。

 | 配套素材路径：配套素材＼第6章 |
| 素材文件名称：08.jpg、08.psd |

操作步骤 >> Step by Step

第1步　打开名为 **08.jpg** 的素材图像，单击工具箱中的【矩形选框工具】按钮，在编辑窗口中单击并拖动鼠标绘制选区，如图 6-28 所示。

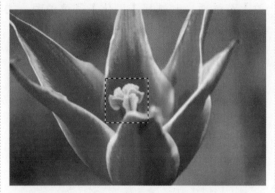

图6-28

第3步　可以看到在选区四周出现变换控制点，将鼠标指针移至右上角的控制点上，鼠标指针变为双向箭头，单击并拖动鼠标放大选区，然后将鼠标指针移至选区之外，当鼠标指针变为弧形双向箭头时，按住鼠标左键不放进行拖动，旋转选区，如图 6-30 所示。

图6-30

第2步　1.单击【选择】菜单，2.选择【变换选区】菜单项，如图 6-29 所示。

图6-29

第4步　按 Enter 键退出变换操作，按 **Ctrl+J** 组合键，复制选区内的图像，建立一个新图层，并隐藏"背景"图层。通过以上步骤即可完成变换选区的操作，如图 6-31 所示。

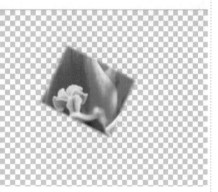

图6-31

6.2.7　羽化选区

　　羽化选区是图像处理中经常用到的操作，羽化选区操作可以在选区和背景之间建立一条模糊的过渡带，使选区产生"晕开"的效果。

配套素材路径：配套素材 \ 第 6 章

素材文件名称：09.psd、羽化选区 .psd

操作步骤 >> Step by Step

第1步 打开名为 **09.psd** 的素材图像，按住 **Ctrl** 键的同时，在【图层】面板中单击"图层 1"缩览图，调出选区，如图 6-32 所示。

图 6-32

第3步 弹出【羽化选区】对话框，**1.** 设置参数，**2.** 单击【确定】按钮，如图 6-34 所示。

图 6-34

■ 指点迷津

羽化是通过建立选区和选区周围像素之间的转换边界来模糊边缘；而消除锯齿则是通过软化边缘像素与背景像素之间的颜色转换，进而使选区的锯齿状边缘变得平滑。

第2步 **1.** 单击【选择】菜单，**2.** 选择【修改】菜单项，**3.** 选择【羽化】子菜单项，如图 6-33 所示。

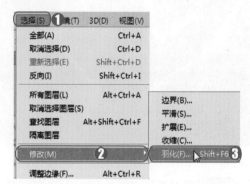

图 6-33

第4步 按 **Ctrl+Shift+I** 组合键反选选区，连续按 4 次 Delete 键删除选区中的图像，按 **Ctrl+D** 组合键取消选区，如图 6-35 所示。

图 6-35

6.2.8 描边选区图像

在编辑图像时，根据工作需要，使用【描边】命令可以为选区中的图像添加不同颜色和宽度的边框，以增强图像的视觉效果。

配套素材路径：配套素材\第6章

素材文件名称：10.jpg、描边选区图像.jpg

操作步骤 >> Step by Step

第1步 打开名为 10.jpg 的素材图像，按 Ctrl+A 组合键，全选图像，如图 6-36 所示。

图6-36

第2步 **1.**单击【编辑】菜单，**2.**选择【描边】菜单项，如图 6-37 所示。

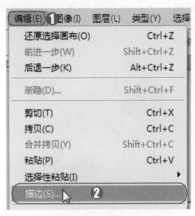

图6-37

第3步 弹出【描边】对话框，**1.**设置【宽度】为 20 像素，**2.**设置【颜色】为绿色（RGB 为 43、122、18），**3.**单击【确定】按钮，如图 6-38 所示。

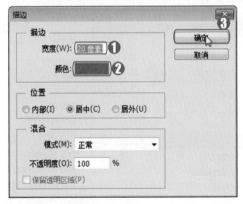

图6-38

第4步 按 Ctrl+D 组合键取消选区，可以看到选区已经被描边，如图 6-39 所示。

图6-39

6.2.9 复制选区图像

可以将选区内的图像复制到剪贴板中进行粘贴，以复制选区内的图像。

Photoshop CC 图像编辑/调色/人像/抠图/修图/特效/合成（微课版）

 配套素材路径：配套素材 \ 第 6 章
素材文件名称：11.jpg、复制选区图像 .jpg

操作步骤 >> Step by Step

第1步 打开名为 11.jpg 的素材图像，单击工具箱中的【矩形选框工具】按钮 ⊡，在编辑窗口中单击并拖动鼠标绘制选区，如图 6-40 所示。

图 6-40

第3步 1. 单击【编辑】菜单，2. 选择【粘贴】菜单项，如图 6-42 所示。

编辑(E)	像(I) 图层(L) 类型(Y) 选择
还原拷贝像素(O)	Ctrl+Z
前进一步(W)	Shift+Ctrl+Z
后退一步(K)	Alt+Ctrl+Z
渐隐(D)...	Shift+Ctrl+F
剪切(T)	Ctrl+X
拷贝(C)	Ctrl+C
合并拷贝(Y)	Shift+Ctrl+C
粘贴(P) ②	Ctrl+V
选择性粘贴(I)	▶

图 6-42

第2步 1. 单击【编辑】菜单，2. 选择【拷贝】菜单项，如图 6-41 所示。

编辑(E) ① 像(I) 图层(L) 类型(Y)	
还原自由变换选区(O)	Ctrl+Z
前进一步(W)	Shift+Ctrl+Z
后退一步(K)	Alt+Ctrl+Z
渐隐(D)...	Shift+Ctrl+F
剪切(T)	Ctrl+X
拷贝(C) ②	Ctrl+C
合并拷贝(Y)	Shift+Ctrl+C
粘贴(P)	Ctrl+V
选择性粘贴(I)	▶
清除(E)	
拼写检查(H)...	
查找和替换文本(X)...	

图 6-41

第4步 1. 单击【编辑】菜单，2. 选择【变换】菜单项，3. 选择【水平翻转】子菜单项，如图 6-43 所示。

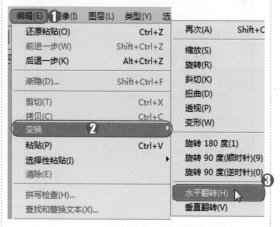

图 6-43

第5步 选取【移动工具】，移动图像至右侧边缘处，**1.** 单击【图像】菜单，**2.** 选择【显示全部】菜单项，如图 6-44 所示。

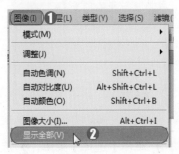

图 6-44

第6步 通过以上步骤即可完成复制选区图像的操作，如图 6-45 所示。

图 6-45

Section 6.3 修改选区

在建立选区之后，如果对选区不满意，还需要对选区进行修改。本节将详细介绍修改选区的内容，包括边界选区和平滑选区。

6.3.1 边界选区

使用【边界】命令可以得到具有一定羽化效果的选区，因此在进行填充或描边等操作后可得到具有柔边效果的图像。

| 配套素材路径：配套素材 \ 第 6 章 |
| 素材文件名称：12.jpg、边界选区 .jpg |

操作步骤 >> Step by Step

第1步 打开名为 12.jpg 的素材图像，单击工具箱中的【魔棒工具】按钮 ，在编辑窗口中单击鼠标绘制选区，如图 6-46 所示。

第2步 **1.** 单击【选择】菜单，**2.** 选择【反向】菜单项，如图 6-47 所示。

图6-46

第3步 选区已经被反选，如图6-48所示。

图6-48

第5步 弹出【边界选区】对话框，**1.** 设置参数，**2.** 单击【确定】按钮，如图6-50所示。

图6-50

图6-47

第4步 **1.** 单击【选择】菜单，**2.** 选择【修改】菜单项，**3.** 选择【边界】子菜单项，如图6-49所示。

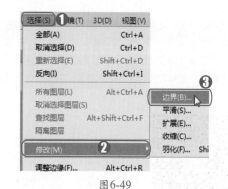

图6-49

第6步 设置前景色为黑色，并为选区填充前景色，取消选区即可完成边界选区的操作，如图6-51所示。

图6-51

6.3.2	平滑选区

　　使用【边界】命令可以在所创建的选区边缘新建一个选区，而使用【平滑】命令可以平滑选区的尖角和去除锯齿，从而使图像中选区的边缘更加流畅和平滑。

配套素材路径：配套素材 \ 第 6 章
素材文件名称：13.jpg、平滑选区 .jpg

操作步骤 >> Step by Step

第1步　打开名为 13.jpg 的素材图像，单击工具箱中的【魔棒工具】按钮，在编辑窗口中单击鼠标绘制选区，如图 6-52 所示。

图6-52

第3步　弹出【平滑选区】对话框，**1.** 设置参数，**2.** 单击【确定】按钮，如图 6-54 所示。

图6-54

第2步　**1.** 单击【选择】菜单，**2.** 选择【修改】菜单项，**3.** 选择【平滑】子菜单项，如图 6-53 所示。

图6-53

第4步　设置前景色为淡蓝色（RGB 为204、204、255），并为选区填充前景色，取消选区即可完成平滑选区的操作，如图 6-55 所示。

图6-55

Section 6.4 使用魔棒工具抠图

【魔棒工具】是建立选区的工具之一，其作用是在一定的容差值范围内（默认值为32），将颜色相同的区域同时选中，建立选区以达到抠取图像的目的。本节介绍使用【魔棒工具】单一选取抠图、连续选取抠图等内容。

6.4.1　单一选取抠图

单一选取就是单击【魔棒工具】按钮 ，每次只能选择一个区域，再次选取时，上一次的区域将被自动替代。

	配套素材路径：配套素材 \ 第 6 章
	素材文件名称：14.jpg、单一选取抠图 .jpg

操作步骤 >> Step by Step

第1步 打开名为 14.jpg 的素材图像，单击工具箱中的【魔棒工具】按钮，在编辑窗口的黄色区域中单击鼠标绘制选区，如图 6-56 所示。

图6-56

第3步 按 Ctrl+J 组合键，复制选区内的图像，建立一个新图层，并隐藏"背景"图层。通过以上步骤即可完成使用"魔棒工具"单一选取抠图的操作，如图 6-58 所示。

第2步 **1.** 单击【选择】菜单，**2.** 选择【反向】菜单项，如图 6-57 所示。

图6-57

图6-58

【魔棒工具】用来创建与图像颜色相近或相同的像素选区，在颜色相近的图像上单击鼠标左键，即可选取到相近颜色范围。其工具属性栏如图6-59所示，有关选项含义如下。

图6-59

> 【容差】选项：用来控制创建选区范围的大小。数值越小，所要求的颜色越相近；数值越大，则颜色相差越大。
> 【消除锯齿】复选框：用来模糊羽化边缘的像素，使其与背景像素产生颜色的过渡，从而消除边缘明显的锯齿。
> 【连续】复选框：选中该复选框，只选取与鼠标单击处相链接中的相近颜色。
> 【对所有图层取样】复选框：用于有多个图层的文件。选中该复选框，能选取文件中所有图层的相近颜色的区域；取消选中该复选框时，只选取当前图层中相近颜色的区域。

6.4.2　连续选取抠图

在使用【魔棒工具】选择图像时，在工具属性栏中选中【连续】复选框，则只选取与单击处相邻的、容差范围内的颜色区域。

打开一幅图像素材，单击工具箱中的【魔棒工具】按钮，在工具属性栏中选中【连续】复选框，单击【添加到选区】按钮，在编辑窗口中的白色背景区域中单击鼠标绘制选区。单击一次只能选中外围连续的白色背景，中间两朵花之间的白色背景没有选中，如图6-60所示。

图6-60

Photoshop CC 图像编辑/调色/人像/抠图/修图/特效/合成（微课版）

取消选中【连续】复选框，在编辑窗口中的白色背景区域中单击鼠标绘制选区，单击一次即可将所有白色背景都选中，如图6-61所示。

图6-61

Section 6.5　专题课堂——快速选择工具

 　　使用【快速选择工具】可以通过调整画笔的笔触、硬度和间距等参数，快速以单击或拖动鼠标的方式创建选区。拖动时，选区会向外扩展并自动查找和跟随图像中定义的边缘。本节将介绍【快速选择工具】的使用方法。

6.5.1　创建选区抠图

微课堂

使用【快速选择工具】创建选区抠图通常需要在一定容差范围内选取颜色，在进行选取时，需要设置相应的画笔大小。

 　配套素材路径：配套素材 \ 第 6 章
　素材文件名称：16.jpg、创建选区抠图 .jpg

操作步骤　>> Step by Step

第1步　打开名为 16.jpg 的素材图像，单击工具箱中的【快速选择工具】按钮，在工具属性栏中设置画笔【大小】为 20px，在小动物上拖动鼠标直至选中整个小动物身体，如图 6-62 所示。

图6-62

第2步　单击工具栏中的【从选区减去】按钮，将小动物腿之间的背景从选区中减去，如图 6-63 所示。

减掉两腿之间的背景选区

图6-63

第3步　按 Ctrl+J 组合键，复制选区内的图像，建立一个新图层，并隐藏"背景"图层。通过以上步骤即可完成使用【快速选择工具】创建选区抠图的操作，如图 6-64 所示。

图6-64

6.5.2　对所有图层取样

微课堂

在【快速选择工具】的工具属性栏中有一个【对所有图层取样】复选框，该复选框用来设置选区的图层，选中该复选框，将在所有图层中选取容差范围内的颜色区域。

【快速选择工具】是用来选择颜色的工具，在拖曳鼠标的过程中，它能够快速选择多个颜色相似的区域，相当于按住Shift键或Alt键不断使用【魔棒工具】单击。【快速选择工具】的工具属性栏如图6-65所示，有关选项含义如下。

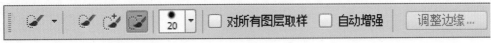

图6-65

Photoshop CC 图像编辑/调色/人像/抠图/修图/特效/合成（微课版）

> ➤ 【新选区】按钮：单击该按钮，可以创建一个新的选区。
> ➤ 【添加到选区】按钮：单击该按钮，可在原选区的基础上添加新的选区。
> ➤ 【从选区减去】按钮：单击该按钮，可在原选区的基础上减去当前绘制的选区。
> ➤ 【对所有图层取样】复选框：可基于所有图层创建选区。
> ➤ 【自动增强】复选框：可以减少选区边界的粗糙度和块效应。

配套素材路径：配套素材 \ 第 6 章
素材文件名称：17.psd

操作步骤 >> Step by Step

第1步　打开名为 17.psd 的素材图像，单击工具箱中的【快速选择工具】按钮，在工具属性栏中设置画笔【大小】为 20px，在图像上创建选区，如图 6-66 所示。

第2步　在工具属性栏中选中【对所有图层取样】复选框，继续在图像中拖动鼠标，选取"背景"图层中的图像，即可对所有图层进行取样，如图 6-67 所示。

图 6-66

图 6-67

Section 6.6　实践经验与技巧

　　在本节的学习过程中，将侧重介绍和讲解与本章知识点有关的实践经验及技巧，主要包括存储选区、载入选区、在选区内添加图像等方面的知识与操作技巧。

6.6.1　存储选区

如果需要多次使用某个创建好的选区，可以将其存储起来，需要使用时再将其载入到图像中。下面介绍存储选区的方法。

| 配套素材路径：配套素材 \ 第 6 章 |
| 素材文件名称：17.psd、存储选区 .psd |

操作步骤 >> Step by Step

第1步 创建选区，如图 6-68 所示。

图6-68

第3步 弹出【存储选区】对话框，*1.* 在
【名称】文本框中输入名称，*2.* 单击【确定】
按钮，如图 6-70 所示。

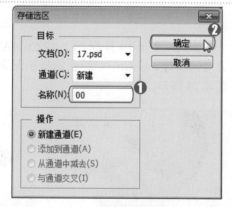

图6-70

第2步 *1.* 单击【选择】菜单，*2.* 选择【存
储选区】菜单项，如图 6-69 所示。

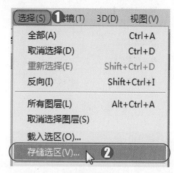

图6-69

第4步 展开【通道】面板，在面板中将
出现一个该名称的通道，如图 6-71 所示。

图6-71

6.6.2　载入选区

当需要使用以前存储过的选区时，可以使用【载入选区】命令来打开存储的选区。下
面介绍载入选区的方法。

Photoshop CC 图像编辑/调色/人像/抠图/修图/特效/合成（微课版）

执行【选择】→【载入选区】命令（见图6-72），弹出【载入选区】对话框；单击
【通道】下拉按钮，选择准备载入的选区名称（见图6-73），单击【确定】按钮即可完成
载入选区的操作。

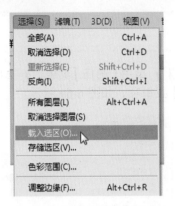

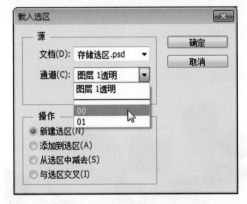

图6-72   图6-73

6.6.3　在选区内添加图像

使用【拷贝】命令可以将选区内的图像复制到剪贴板中，使用【贴入】命令，可以将
剪贴板中的图像粘贴到相应的位置，并生成一个蒙版图层。

| 配套素材路径：配套素材 \ 第 6 章 |
| 素材文件名称：18.jpg、19.jpg、在选区内添加图像 .psd |

操作步骤 >> Step by Step

第1步　打开名为 18 和 19 的素材图像，
切换至 18 素材中，单击【魔棒工具】按钮，
单击白色区域，创建一个选区，如图 6-74
所示。

第2步　切换至 19 素材中，按 Ctrl+A 组
合键全选图像，按 Ctrl+C 组合键复制图像，
如图 6-75 所示。

图6-74

图6-75

第3步 切换至 18 素材中，**1.** 单击【编辑】菜单，**2.** 选择【选择性粘贴】菜单项，**3.** 选择【贴入】子菜单项，如图 6-76 所示。

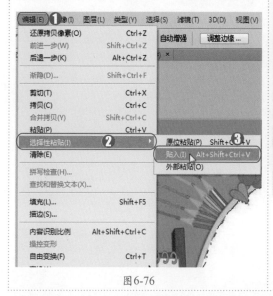

图 6-76

第4步 即可将素材 19 添加到素材 18 的选区中，如图 6-77 所示。

图 6-77

Section 6.7 思考与练习

　　通过本章的学习，读者可以掌握图像抠图的基本知识以及一些常见的操作方法，在本节中将针对本章知识点进行相关知识测试，以达到巩固与提高的目的。

一、填空题

　　1.【矩形选框工具】用于创建_____和_____选区，【椭圆选框工具】主要用于创建_____选区。使用【套索工具】可以对_____进行抠图。【多边形套索工具】可以创建由_____构成的选区，适合选择边缘为直线的对象；"磁性套索工具"可以自动识别对象的_____，如果对象的边缘比较清晰，并且与背景对比明显，可以使用该工具快速选择对象。

　　2. 单击【与选区交叉】按钮，新建选区时只保留原有选区与新创建的选区相交的部分（按_____组合键也可以实现相同的操作）。

　　3. 创建选区后，执行【视图】→【显示】→【选区边缘】命令，或者按_____组合键，可以隐藏选区（注意，隐藏选区后，选区仍然存在）。

二、判断题

　　1. 按 Shift+M 组合键，可以快速选取【椭圆选框工具】；按 Shift 键，可创建正圆选区；按 Alt 键，可创建以起点为中心的椭圆选区；按 Alt+Shift 组合键，可创建以起点为中心的正圆选区。

2. 单击【从选区中减去】按钮，可以将当前创建的选区添加到原来的选区中。

3. 如果创建了错误的选区，可以将其取消，执行【选择】→【取消选择】命令，即可取消选区，也可以按Ctrl+D组合键进行取消。

三、思考题

1. 在Photoshop CC中如何使用【矩形选框工具】抠图？

2. 在Photoshop CC中如何使用【磁性套索工具】抠图？

3. 在Photoshop CC中如何描边选区图像？

第7章

图像抠图高级进阶

本章要点

- 创建与编辑路径
- 使用路径工具
- 使用通道快速抠图
- 使用蒙版抠图
- 使用图层模式抠图

本章主要内容

本章主要介绍创建与编辑路径、使用路径工具、使用通道快速抠图、使用蒙版抠图和使用图层模式抠图方面的知识与技巧；在本章的最后还针对实际的工作需求，讲解抠取头发、抠取透明婚纱和使用【正片叠底】模式抠图的方法。通过本章的学习，读者可以掌握高级图像抠图方面的知识，为深入学习 Photoshop CC 知识奠定基础。

Photoshop CC 图像编辑/调色/人像/抠图/修图/特效/合成（微课版）

Section 7.1 创建与编辑路径

　　路径是用【钢笔工具】绘制出来的一系列点、直线和曲线的集合。作为一种矢量绘图工具，它的绘图方式不同于工具箱中其他的绘图工具。路径不能够打印输出，只能存放于【路径】面板中。

7.1.1 基于选区创建路径

　　路径是Photoshop中的各项强大功能之一，它是基于贝塞尔曲线建立的矢量图形。下面介绍基于选区创建路径的方法。

> 配套素材路径：配套素材 \ 第 7 章
> 素材文件名称：01.jpg、基于选区创建路径 .jpg

操作步骤 >> Step by Step

第1步　打开名为01的图像素材，选择【魔棒工具】，在工具属性栏中设置【容差】为30，在编辑窗口中单击白色背景部分，建立选区，如图 7-1 所示。

第2步　按 Ctrl+Shift+I 组合键，反选选区，如图 7-2 所示。

图7-2

第4步　可以看到选区已经转化为路径。通过以上步骤即可完成基于选区创建路径的操作，如图 7-4 所示。

图7-1

第3步　在【路径】面板中，单击面板底部的【从选区生成工作路径】按钮，如图 7-3 所示。

图 7-3

图 7-4

7.1.2 选择与移动路径 微课堂

选择路径是对路径进行任何编辑的前提。Photoshop提供了两种路径选择工具，即路径选择工具和直接选择工具。选择路径后，可以根据需要随意地移动路径的位置。

配套素材路径：配套素材 \ 第 7 章
素材文件名称：选择与移动路径 .psd

操作步骤 >> Step by Step

第1步 新建图像，在工具箱中单击【自定形状工具】按钮 ，**1.** 在工具属性栏中选择【路径】选项，**2.** 选择【红心形卡】形状，如图 7-5 所示。

第2步 在图像编辑窗口中单击并拖动鼠标，至合适位置释放鼠标，即可创建路径，如图 7-6 所示。

图 7-5

图 7-6

Photoshop CC 图像编辑/调色/人像/抠图/修图/特效/合成（微课版）

第3步 在工具箱中单击【路径选择工具】按钮 ，在路径上单击，即可选择路径，如图 7-7 所示。

第4步 单击鼠标左键并拖动路径移至合适位置，释放鼠标左键，即可完成移动路径的操作，如图 7-8 所示。

图 7-7

图 7-8

7.1.3 复制与删除路径 微课堂

在 Photoshop 中，绘制路径后，若需要绘制同样的路径，可以对其进行复制操作。若不再需要某些路径，可以将其删除。

配套素材路径：配套素材 \ 第 7 章
素材文件名称：复制与删除路径 .psd

操作步骤 >> Step by Step

第1步 新建图像，使用【自定形状工具】创建路径，如图 7-9 所示。

第2步 单击【路径选择工具】按钮 ，按住 Ctrl+Alt 组合键的同时，单击并拖动路径至合适位置，即可复制路径，如图 7-10 所示。

图 7-9

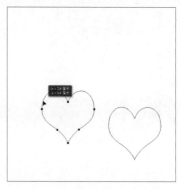

图 7-10

第3步 使用【路径选择工具】选中准备删除的路径，如图 7-11 所示。

第4步 按 Delete 键即可将路径删除，如图 7-12 所示。

图 7-11

图 7-12

知识拓展

展开【路径】面板，右击【工作路径】选项，在弹出的快捷菜单中选择【删除路径】菜单项，可将所有的路径一并删除。如果只想删除某个路径，除了上面介绍的使用 Delete 键以外，还可以选中路径，执行【编辑】→【清除】命令。

7.1.4　断开与连接路径

在路径被选中的情况下，选择单个或多组锚点，按 Delete 键，即可将选中的锚点清除，将路径断开。可以使用【钢笔工具】来连接路径。

1　断开路径

| 配套素材路径：配套素材 \ 第 7 章 |
| 素材文件名称：02.jpg、断开路径 .psd |

操作步骤 >> Step by Step

第1步 打开名为 02 的图像素材，在【路径】面板中选中"工作路径"选项显示路径，如图 7-13 所示。

第2步 在工具箱中单击【直接选择工具】按钮 ，移动鼠标指针至图像中需要断开的路径上，单击鼠标左键，即可选中路径，如图 7-14 所示。

Photoshop CC 图像编辑/调色/人像/抠图/修图/特效/合成（微课版）

图 7-13

第3步 按 Delete 键，即可断开路径，如图 7-15 所示。

图 7-15

图 7-14

2 连接路径

>>>

配套素材路径：配套素材 \ 第 7 章
素材文件名称：03.jpg、连接路径 .psd

操作步骤 >> Step by Step

第1步 打开名为 03 的图像素材，在【路径】面板中选中 "工作路径" 选项显示路径，如图 7-16 所示。

图 7-16

第2步 在工具箱中单击【钢笔工具】按钮，移动鼠标指针至需要连接的第一个锚点上，单击鼠标，如图 7-17 所示。

图 7-17

第3步 拖动鼠标直至合适位置，单击鼠标，添加一个节点，如图 7-18 所示。

第4步 将鼠标指针移至需要连接的第三个锚点上，单击鼠标，即可将编辑窗口中的开放路径连接，如图 7-19 所示。

图7-18

图7-19

Section 7.2 使用路径工具

　　　不仅可以使用工具箱中的钢笔工具绘制路径，还可以使用工具箱中的矢量图形工具绘制不同形状的路径。在默认情况下，工具箱中的【矢量图形工具组】显示为【矩形工具】按钮。

7.2.1 使用钢笔工具绘制直线路径

微课堂

　　使用【钢笔工具】可以绘制多种路径，包括直线路径、曲线路径，还可以绘制直线和曲线相结合的混合路径。本节介绍使用【钢笔工具】绘制直线路径的方法。

配套素材路径：配套素材 \ 第 7 章
素材文件名称：04.jpg、直线路径 .psd

操作步骤 >> Step by Step

第1步 打开名为 04 的图像素材，单击工具箱中的【钢笔工具】按钮 ，在便笺纸左上角单击鼠标，如图 7-20 所示。

第2步 移动鼠标指针至右上角处，单击鼠标，确定第二个锚点，如图 7-21 所示。

Photoshop CC 图像编辑/调色/人像/抠图/修图/特效/合成（微课版）

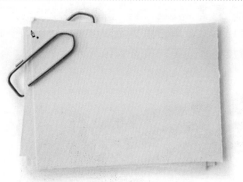

图7-20

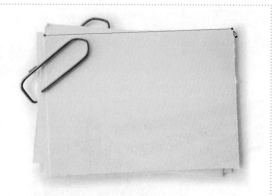

图7-21

第3步 在右下角单击鼠标，确定第三个锚点，如图 7-22 所示。

第4步 继续单击鼠标确定其他锚点，至起始位置，单击即可封闭路径，如图 7-23 所示。

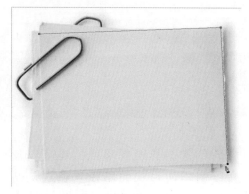

图7-22

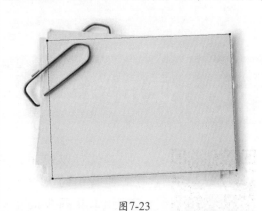

图7-23

7.2.2　使用自由钢笔工具绘制曲线路径

微课堂

使用【自由钢笔工具】可以随意绘图，不需要像使用【钢笔工具】那样通过锚点来创建路径。

配套素材路径：配套素材 \ 第 7 章
素材文件名称：05.jpg、曲线路径 .psd

操作步骤 >> Step by Step

第1步 打开名为 05 的图像素材，单击工具箱中的【自由钢笔工具】按钮，在属性工具栏中选中【磁性的】复选框，移动鼠标指针至图像编辑窗口中，单击鼠标，确定起始位置，如图 7-24 所示。

第2步 沿边缘拖曳鼠标，至起始点处，单击鼠标，创建闭合路径，如图 7-25 所示。

图7-24

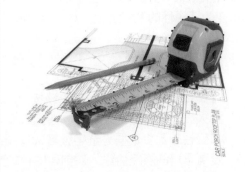

图7-25

第3步 按 Ctrl+Enter 组合键，将路径转换为选区，如图 7-26 所示。

第4步 1.单击【图像】菜单，2.选择【调整】菜单项，3.选择【色相/饱和度】子菜单项，如图 7-27 所示。

图7-26

第5步 弹出【色相/饱和度】对话框，1.设置参数，2.单击【确定】按钮，如图 7-28 所示。

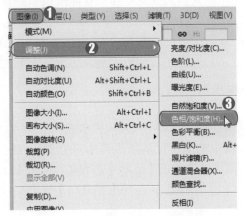

图7-27

第6步 即可完成使用【自由钢笔工具】绘制曲线的操作，如图 7-29 所示。

图7-28

图7-29

Photoshop CC 图像编辑/调色/人像/抠图/修图/特效/合成（微课版）

【自由钢笔工具】属性栏与【钢笔工具】属性栏基本一致，只是将【自动添加/删除】复选框变为【磁性的】复选框，如图7-30所示，有关选项含义如下。

图7-30

> 【设置图标】按钮 ⚙：单击该按钮，在弹出的列表中，可以设置【曲线拟合】的像素大小，【磁性的】宽度、对比以及频率。

> 【磁性的】复选框：选中该复选框，在创建路径时，可以仿照磁性套索工具的用法设置平滑的路径曲线，对创建具有轮廓的图像路径很有帮助。

7.2.3　使用自定形状路径抠图　　微课堂

运用【自定形状工具】可以绘制各种预设的形状，如箭头、音乐符、闪电、灯泡、信封等丰富多彩的路径形状，从而抠出形状各异的图像。

配套素材路径：配套素材＼第7章	
素材文件名称：06.jpg、使用自定形状路径抠图.psd	

操作步骤 >> Step by Step

第1步 打开名为06的图像素材，单击工具箱中的【自定形状工具】按钮，在工具属性栏中单击【形状】右侧的下拉按钮，在弹出的列表中选择【拼图4】选项，如图7-31所示。

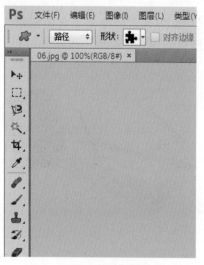

图7-31

第2步 在图像中的相应位置单击并拖动鼠标，绘制自定形状路径，如图7-32所示。

图7-32

第3步 使用相同方法，绘制其他路径，如图 7-33 所示。

图7-33

第4步 按 Ctrl+Enter 组合键，将路径转换为选区，按 Ctrl+J 组合键复制选区内的图像，建立一个新图层，并隐藏"背景"图层，如图 7-34 所示。

图7-34

 知识拓展

　　工具箱中的【矢量图形工具组】默认情况下显示为【矩形工具】按钮，【矢量图形工具组】中包括【矩形工具】、【圆角矩形工具】、【椭圆工具】、【多边形工具】、【直线工具】以及【自定形状工具】，用户可以根据需要进行选择。

Section 7.3　使用通道快速抠图

　　通道就是选区的一个载体，它将选区转换成可见的黑白图像，使用户更易于对其进行编辑，从而得到多种多样的选区状态。在众多的抠图方法中，通道抠图是比较万能的抠图方法，常用于较为复杂的图像抠图。

7.3.1　利用调整通道对比抠图

　　在进行抠图时，有些图像与背景过于相近，使抠图变得不方便，此时利用【通道】面板，结合其他命令对图像进行适当调整，即可完成抠图操作。

　　配套素材路径：配套素材 \ 第 7 章
　　素材文件名称：07.jpg、通道对比抠图 .psd

Photoshop CC 图像编辑/调色/人像/抠图/修图/特效/合成（微课版）

操作步骤 >> Step by Step

第1步 打开名为07的图像素材，执行【窗口】→【通道】命令，打开【通道】面板，拖动"红"通道至面板底部的【创建新通道】按钮 🖿 上，复制出一个通道，如图7-35所示。

图7-35

第3步 弹出【亮度/对比度】对话框，**1.** 设置参数，**2.** 单击【确定】按钮，如图7-37所示。

图7-37

第5步 在【通道】面板中单击RGB通道，退出通道模式，返回RGB模式，如图7-39所示。

图7-39

第2步 选择复制的通道，**1.** 单击【图像】菜单，**2.** 选择【调整】菜单项，**3.** 选择【亮度/对比度】子菜单项，如图7-36所示。

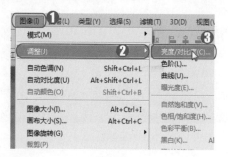

图7-36

第4步 单击工具箱中的【快速选择工具】按钮 ✎，设置画笔大小为 **80px**，在花朵上拖动鼠标指针创建选区，如图7-38所示。

图7-38

第6步 按Ctrl+J组合键复制一个新图层，并隐藏"背景"图层，如图7-40所示。

图7-40

7.3.2　利用通道差异性抠图

有一些图像在通道中的不同颜色模式下显示的颜色深浅会有所不同，利用通道的差异性可以快速选择图像，从而进行抠图。

配套素材路径：配套素材 \ 第 7 章
素材文件名称：08.jpg、通道差异抠图 .psd

操作步骤 >> Step by Step

第1步 打开名为 08 的图像素材，在【通道】面板中选择"蓝"通道，如图 7-41 所示。

图7-41

第3步 单击选择"红"通道，设置画笔大小为 10px，在花朵上拖动鼠标指针创建选区，如图 7-43 所示。

图7-43

第2步 单击工具箱中的【快速选择工具】按钮，设置画笔大小为 40px，在花朵上拖动鼠标指针创建选区，如图 7-42 所示。

图7-42

第4步 返回到 RGB 模式，按 Ctrl+J 组合键复制一个新图层，并隐藏"背景"图层，如图 7-44 所示。

图7-44

Photoshop CC 图像编辑/调色/人像/抠图/修图/特效/合成（微课版）

7.3.3　使用钢笔工具配合通道抠图

抠图并不局限于一种工具或命令，有时还需要集合多种命令或工具进行抠图，一般常用于比较复杂的图像。

配套素材路径：配套素材 \ 第 7 章
素材文件名称：09.jpg、钢笔工具配合通道抠图 .psd

操作步骤 >> Step by Step

第1步　打开名为 **09** 的图像素材，使用工具箱中的【自由钢笔工具】，沿人物边缘拖动鼠标指针，将人物选中，如图 **7-45** 所示。

图 7-45

第3步　选择"背景 拷贝"图层，按住 **Ctrl+Alt** 组合键的同时，单击【添加图层蒙版】按钮，创建矢量蒙版，如图 **7-47** 所示。

图 7-47

第2步　在【图层】面板中拖动"背景"图层到面板底部的【创建新图层】按钮上，复制一个"背景 拷贝"图层，如图 **7-46** 所示。

图 7-46

第4步　在【通道】面板中复制"绿"通道，得到"绿 拷贝"通道，如图 **7-48** 所示。

图 7-48

第5步 **1.** 单击【图像】菜单，**2.** 选择【调整】菜单项，**3.** 选择【色阶】子菜单项，如图 7-49 所示。

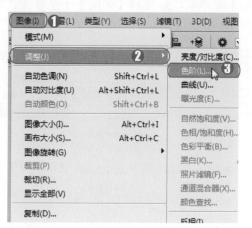

图 7-49

第6步 弹出【色阶】对话框，**1.** 设置参数，**2.** 单击【确定】按钮，如图 7-50 所示。

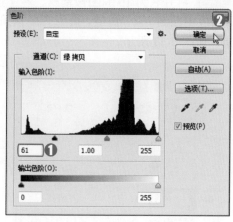

图 7-50

第7步 单击工具箱中的【快速选择工具】按钮，设置画笔大小为 **10px**，在人物身上拖动鼠标指针创建选区，如图 7-51 所示。

图 7-51

第8步 在【通道】面板中单击 RGB 通道，在【图层】面板中选择"背景"图层，按 **Ctrl+J** 组合键复制一个新图层，并隐藏"背景"图层，如图 7-52 所示。

图 7-52

7.3.4 使用色阶调整配合通道抠图

【色阶】命令是一个非常方便的功能，用来设置图像的白场和黑场，利用该功能配合通道可以快速指定颜色选区。

配套素材路径：配套素材 \ 第 7 章

素材文件名称：10.jpg、色阶调整配合通道抠图 .psd

Photoshop CC 图像编辑/调色/人像/抠图/修图/特效/合成（微课版）

操作步骤 >> Step by Step

第1步 打开名为 10 的图像素材，在【通道】面板中复制"蓝"通道，得到"蓝 拷贝"通道，如图 7-53 所示。

图 7-53

第2步 1. 单击【图像】菜单，2. 选择【调整】菜单项，3. 选择【色阶】子菜单项，如图 7-54 所示。

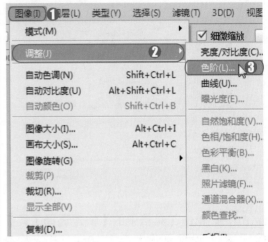

图 7-54

第3步 弹出【色阶】对话框，1. 设置参数，2. 单击【在图像中取样以设置黑场】按钮，3. 在图像上的灰色位置单击鼠标，设置黑场范围，如图 7-55 所示。

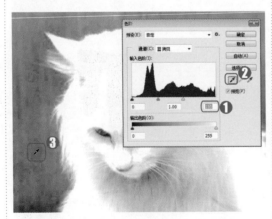

图 7-55

第4步 单击【确定】按钮，单击【画笔工具】按钮 ，设置画笔大小为 60px，将猫咪的面部和腹部都涂抹成白色，如图 7-56 所示。

图 7-56

第5步 单击【通道】面板底部的【将通道作为选区载入】按钮，载入选区，如图 7-57 所示。

第6步 在【图层】面板中按 Ctrl+J 组合键复制一个新图层，并隐藏"背景"图层，如图 7-58 所示。

图7-57

图7-58

知识拓展

在【色阶】对话框中设置黑场和白场时，如果一次取样不能满足需求，可以多次单击进行取样。除了运用上述方法载入选区外，还可以在按住 Ctrl 键的同时单击某个通道，快速将该通道作为选区载入。

Section 7.4　使用蒙版抠图

使用图层蒙版可以很好地控制图层区域的显示或隐藏，可以在不破坏图像的情况下反复编辑图像，直至得到所需要的效果，使修改图像和创建复杂选区变得更加方便。Photoshop 的蒙版是非常重要的抠图工具，尤其是蒙版图层。

7.4.1　利用快速蒙版抠图

一般使用"快速蒙版"模式都是从选区开始的，然后从中添加或者减去选区，以建立蒙版。使用快速蒙版可以通过绘图工具进行调整，以便创建复杂的选区。

配套素材路径：配套素材 \ 第 7 章

素材文件名称：11.jpg、利用快速蒙版抠图 .psd

Photoshop CC 图像编辑/调色/人像/抠图/修图/特效/合成（微课版）

操作步骤 >> Step by Step

第1步 打开名为 11 的图像素材，在【路径】面板中选中"工作路径"，按 Ctrl+Enter 组合键，将路径转换为选区，如图 7-59 所示。

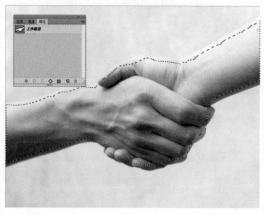

图 7-59

第2步 在工具箱中单击【以快速蒙版模式编辑】按钮 ，启用快速蒙版，如图 7-60 所示。

图 7-60

第3步 单击【画笔工具】按钮 ，设置画笔大小为 20px，硬度为 100%，设置前景色为白色，在图像区域拖曳鼠标指针，进行适当的擦除，如图 7-61 所示。

图 7-61

第4步 再次单击【以快速蒙版模式编辑】按钮 ，退出快速蒙版模式，按 Ctrl+J 组合键，复制一个新图层，并隐藏"背景"图层，即可完成利用快速蒙版抠图的操作，如图 7-62 所示。

图 7-62

7.4.2　利用矢量蒙版抠图

微课堂

矢量蒙版是由钢笔、自定形状等矢量工具创建的蒙版。矢量蒙版主要借助路径来创建，利用路径选择图像后，通过矢量蒙版可以快速进行图像的抠除。

| 配套素材路径：配套素材 \ 第 7 章 |
| 素材文件名称：12.jpg、利用矢量蒙版抠图 .psd |

操作步骤 >> Step by Step

第1步 打开名为12的图像素材，在【图层】面板中拖动"背景"图层至面板底部的【创建新图层】按钮 上，复制一个图层，如图7-63所示。

第2步 在【路径】面板中选择"工作路径"，**1.** 单击【图层】菜单，**2.** 选择【矢量蒙版】菜单项，**3.** 选择【当前路径】子菜单项，如图 7-64 所示。

图 7-63

第3步 在【图层】面板中隐藏"背景"图层，即可完成利用矢量蒙版抠图的操作，如图 7-65 所示。

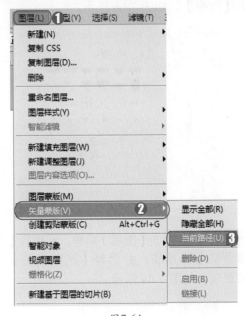

图7-64

■ 指点迷津

在"背景"图层中不能创建矢量蒙版，所以首先要将"背景"图层进行复制。

图 7-65

7.4.3　利用多边形工具蒙版抠图

创建蒙版抠图效果可以使用Photoshop中的形状工具建立路径，然后添加矢量蒙版来完成。

Photoshop CC 图像编辑/调色/人像/抠图/修图/特效/合成（微课版）

操作步骤 >> Step by Step

第1步 打开名为 13 的图像素材，单击工具箱中的【自定形状工具】按钮 ⚙，**1.** 在工具属性栏中单击【选择工具模式】按钮，在列表中选择【路径】选项，**2.** 设置【形状】为【网格】，如图 7-66 所示。

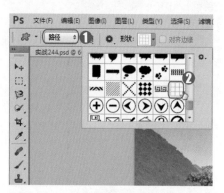

图7-66

第3步 **1.** 单击【图层】菜单，**2.** 选择【矢量蒙版】菜单项，**3.** 选择【当前路径】子菜单项，如图 7-68 所示。

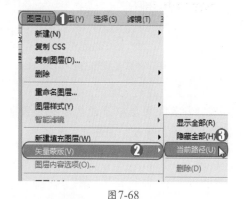

图7-68

第2步 在图像窗口中绘制一个网格路径，如图 7-67 所示。

图7-67

第4步 通过以上步骤即可完成利用多边形工具蒙版抠图的操作，如图 7-69 所示。

图7-69

7.4.4 **利用图层蒙版抠图**

创建蒙版抠图效果可以使用Photoshop中的形状工具建立路径，然后添加矢量蒙版来完成。

配套素材路径：配套素材 \ 第 7 章

素材文件名称：14.psd、利用图层蒙版抠图 .psd

操作步骤 >> Step by Step

第1步 打开名为 14 的图像素材，在【图层】面板中选择"图层 1"图层，单击【添加图层蒙版】按钮，给图层添加蒙版，如图 7-70 所示。

图 7-70

第3步 设置前景色为黑色，单击【画笔工具】按钮，设置画笔大小为 100px，硬度为 0，在蒙版上进行涂抹，如图 7-72 所示。

图 7-72

第5步 按 Ctrl+I 组合键，反相图层蒙版，如图 7-74 所示。

第2步 单击图层缩览图，按 Ctrl+A 组合键，全选图像，按 Ctrl+C 组合键，复制图像，按住 Alt 键的同时，单击图层蒙版缩览图，进入图层蒙版编辑状态，按 Ctrl+V 组合键，粘贴图像，并取消选区，如图 7-71 所示。

图 7-71

第4步 单击工具箱中的【加深工具】按钮，在工具属性栏中设置【范围】为【阴影】，在图层蒙版中涂抹人物边缘，如图 7-73 所示。

图 7-73

第6步 继续使用【加深工具】涂抹人物边缘，使灰色变成黑色，如图 7-75 所示。

图 7-74

图 7-75

第7步 按住 Alt 键的同时，单击图层蒙版缩览图，退出图层蒙版编辑状态，完成抠图，如图 7-76 所示。

图 7-76

7.4.5 运用路径和蒙版抠图

在利用图层蒙版编辑图像时，使用【画笔工具】修改前景色，可以使擦除的图像产生不同的透明效果，利用这种功能，可以对透明图像进行抠图。

配套素材路径：配套素材 \ 第 7 章
素材文件名称：15.jpg、16.jpg、运用路径和蒙版抠图 .psd

操作步骤 >> Step by Step

第1步 打开名为 15 的图像素材，在【路径】面板中选择"工作路径"，单击【将路径作为选区载入】按钮，效果如图 7-77 所示。

第2步 打开名为 16 的图像素材，使用【移动工具】将选区内的图像拖动至 16 素材中，按 Ctrl+T 组合键，适当调整图像的大小和位置，如图 7-78 所示。

图7-77

图7-78

第3步 在【图层】面板中选择"图层1"图层，单击【添加图层蒙版】按钮，给图层添加蒙版，如图 7-79 所示。

第4步 单击【画笔工具】按钮，设置画笔大小为 70px，硬度为 0%，设置前景色为灰色（RGB 为 181、181、181），在玻璃杯口处适当涂抹，以显示透明效果，如图 7-80 所示。

图7-79

图7-80

第5步 设置画笔大小为 90px，设置前景色为灰色（RGB 为 221、221、221），在玻璃杯身处适当涂抹，以显示透明效果，如图 7-81 所示。

图7-81

7.4.6 使用【调整边缘】命令抠图

在使用一些选取工具创建选区后，应用【调整边缘】命令，可以调出选区特殊的边缘

Photoshop CC 图像编辑/调色/人像/抠图/修图/特效/合成（微课版）

效果，从而将选区内的图像抠取出来。

配套素材路径：配套素材\第 7 章
素材文件名称：17.jpg、使用"调整边缘"命令抠图 .psd

操作步骤 >> Step by Step

第1步 打开名为 17 的图像素材，在【图层】面板中单击【创建新图层】按钮，新建"图层 1"图层，并填充白色，复制"背景"图层，并将其放置在最顶层，如图 7-82 所示。

图 7-82

第3步 弹出【调整边缘】对话框，**1.** 设置参数，**2.** 单击【确定】按钮，如图 7-84 所示。

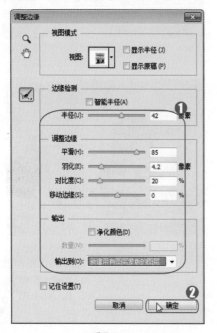

图 7-84

第2步 单击工具箱中的【矩形选框工具】按钮，在图像适当位置创建一个矩形选区，单击工具属性栏中的【调整边缘】按钮，如图 7-83 所示。

图 7-83

第4步 即可新建一个带有图层蒙版的"背景 拷贝 2"图层，隐藏"背景 拷贝"图层，效果如图 7-85 所示。

图 7-85

专题课堂——使用图层模式抠图

　　图层的混合模式是 Photoshop 一项非常重要的功能，它不仅仅存在于【图层】面板中，而且在绘画过程中决定了当前图像的像素与下面图像的像素混合方式，可以用来创建各种特效。本节将介绍使用图层混合模式抠图的方法。

7.5.1　抠取头发　　　

　　图层的混合模式可以结合起来进行应用。在抠取头发时，应用图层的混合模式、图层蒙版等功能可以快速地将其抠取出来。

 | 配套素材路径：配套素材\第 7 章

| 素材文件名称：18.jpg、19.jpg、抠取头发.psd

操作步骤 >> Step by Step

第1步　打开名为 18 和 19 的图像素材，将 19 素材拖至 18 素材中，并调整大小和位置，选择"背景"图层，按 Ctrl+J 组合键，复制"背景"图层，并调整图层顺序，如图 7-86 所示。

第2步　选择"背景 拷贝"图层，并新建图层，使用【吸管工具】在图像背景中单击鼠标左键，吸取颜色，如图 7-87 所示。

图 7-86

图 7-87

Photoshop CC 图像编辑/调色/人像/抠图/修图/特效/合成（微课版）

第3步 按 Alt+Delete 组合键，填充颜色，按 Ctrl+I 组合键，反相图像，设置图层的混合模式为【颜色减淡】，如图 7-88 所示。

图7-88

第5步 选择"背景"图层，按 Ctrl+J 组合键，复制得到"背景 拷贝 2"图层，将其调整至最顶层，按住 Alt 键的同时，单击面板底部的【添加矢量蒙版】按钮，添加黑色蒙版，如图 7-90 所示。

图7-90

第4步 选择"图层 2"图层，按 Ctrl+E 组合键，向下合并图层，设置图层的混合模式为【正片叠底】，如图 7-89 所示。

图7-89

第6步 单击【画笔工具】按钮，设置画笔大小为 120px，硬度为 50%，设置前景色为白色，在蒙版上涂抹白色，直到显示出人物为止，如图 7-91 所示。

图7-91

7.5.2 抠取透明婚纱

可以通过图层混合模式、添加图层蒙版以及使用黑色画笔工具涂抹的方式抠取图像。

配套素材路径：配套素材 \ 第 7 章

素材文件名称：20.jpg、21.jpg、抠取透明婚纱.psd

操作步骤 >> Step by Step

第1步 打开名为 20 和 21 的图像素材，在 20 素材中按 Ctrl+A 组合键，全选图像，按 Ctrl+C 组合键复制图像，切换至 21 素材中，按 Ctrl+V 组合键粘贴图像，并按 Ctrl+T 组合键调整大小，如图 7-92 所示。

图7-92

第3步 连续按 3 次 Alt+Ctrl+Shift+N 组合键，在【图层】面板中新建 3 个透明图层，隐藏"背景"图层，如图 7-94 所示。

图7-94

第5步 隐藏"图层 2"图层，选择"图层 3"图层，按 Alt+Ctrl+4 组合键，载入绿色通道选区，设置前景色为绿色（RGB 为 0、255、0），按 Alt+Delete 组合键填充并取消选区，如图 7-96 所示。

第2步 选择"图层 1"图层，拖动"图层 1"至面板底部的【创建新图层】按钮上，复制得到一个"图层 1 拷贝"图层，并将"图层 1"隐藏，如图 7-93 所示。

图7-93

第4步 选择"图层 2"图层，按 Alt+Ctrl+5 组合键，载入蓝色通道选区，设置前景色为蓝色（RGB 为 0、0、255），按 Alt+Delete 组合键填充并取消选区，如图 7-95 所示。

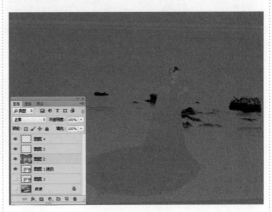

图7-95

第6步 隐藏"图层 3"图层，选择"图层 4"图层，按 Alt+Ctrl+3 组合键，载入红色通道选区，设置前景色为红色（RGB 为 255、0、0），按 Alt+Delete 组合键填充并取消选区，如图 7-97 所示。

Photoshop CC 图像编辑/调色/人像/抠图/修图/特效/合成（微课版）

图7-96

图7-97

第7步 依次显示"图层2"和"图层3"图层，如图 7-98 所示。

第8步 隐藏"图层1拷贝"图层，分别将"图层3"和"图层4"图层的混合模式设置为【滤色】，如图 7-99 所示。

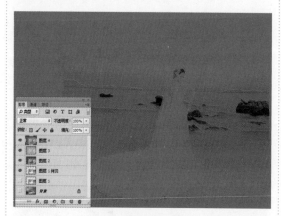

图7-98

图7-99

第9步 按住 Ctrl 键的同时，依次单击"图层2""图层3""图层4"图层，选中这 3 个图层，按 Ctrl+E 组合键合并图层，如图 7-100 所示。

第10步 显示"图层1拷贝"图层，并将其置于顶层，按住 Alt 键的同时单击【添加矢量蒙版】按钮，添加黑色蒙版，如图 7-101 所示。

图7-100

图7-101

第11步 选择【画笔工具】，设置画笔大小为40px，硬度为50%，设置前景色为白色，在图层上涂抹白色，直至人物的头部、身体等范围完全显示出来为止，隐藏"图层4"图层，如图 7-102 所示。

图7-102

第12步 设置画笔大小为 15px，按 X 键，切换前景色和背景色，修改边缘，在工具属性栏中设置【不透明度】为 20%，在婚纱透明处继续绘制，如图 7-103 所示。

图7-103

7.5.3 使用【正片叠底】模式抠图

【正片叠底】模式可以将当前图层图像颜色值与下层图像颜色值相乘，再除以数值 255，得出最终像素的颜色值。使用该模式可以快速将白色背景图像叠加抠出。

配套素材路径：配套素材 \ 第 7 章

素材文件名称：22.jpg、23.jpg、使用"正片叠底"模式抠图 .psd

操作步骤 >> Step by Step

第1步 打开名为 22 和 23 的图像素材，将 23 素材拖入 22 素材中，按 Ctrl+T 组合键调整大小和位置，如图 7-104 所示。

图7-104

第2步 在【图层】面板中设置【混合模式】为【正片叠底】，如图 7-105 所示。

图7-105

Photoshop CC 图像编辑/调色/人像/抠图/修图/特效/合成（微课版）

实践经验与技巧

在本节的学习过程中，将侧重介绍和讲解与本章知识点有关的实践经验及技巧，主要包括使用【滤色】模式抠图、抠取透明液态水、利用剪贴蒙版抠图等方面的知识与操作技巧。

7.6.1　使用【滤色】模式抠图　微课堂

【滤色】模式用于"留白不留黑"，如果要进行抠图的图像中有黑色和其他颜色，而要保留除黑色以外的图像时，可以使用此模式抠图。

> 配套素材路径：配套素材＼第7章
> 素材文件名称：24.jpg、25.jpg、使用"滤色"模式抠图.psd

操作步骤 >> Step by Step

第1步　打开名为24和25的图像素材，将25的素材全选，复制并粘贴至24素材中，如图7-106所示。

图7-106

第2步　在【图层】面板中选择"图层1"图层，设置【混合模式】为【滤色】，即可完成使用【滤色】模式抠图的操作，如图7-107所示。

图7-107

7.6.2　抠取透明液态水　微课堂

本节将通过综合运用去色、反相以及滤色图层混合模式来抠取透明液态水。

配套素材路径：配套素材\第7章
素材文件名称：26.jpg、抠取透明液态水.psd

操作步骤 >> Step by Step

第1步 打开名为 26 的图像素材，连续按两次 Ctrl+J 组合键，复制两个图层，如图 7-108 所示。

图7-108

第3步 在"图层 1"图层中，自下至上拖动鼠标指针，填充渐变色，并隐藏"图层 1 拷贝"图层，如图 7-110 所示。

图7-110

第2步 选择"图层 1"图层，单击【渐变工具】按钮，单击工具属性栏中的【点按可编辑渐变】按钮 ▼，弹出【渐变编辑器】对话框，**1.** 设置渐变从深紫色（RGB 为 41、10、89）到墨绿色（RGB 为 1、59、19），**2.** 单击【确定】按钮，如图 7-109 所示。

图7-109

第4步 显示并选择"图层 1 拷贝"图层，按 Ctrl+Shift+U 组合键，对图像进行去色处理，如图 7-111 所示。

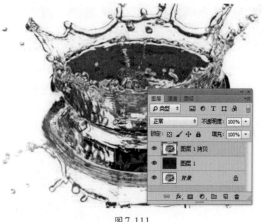

图7-111

Photoshop CC 图像编辑/调色/人像/抠图/修图/特效/合成（微课版）

第5步 按 Ctrl+I 组合键，反相图像，如图 7-112 所示。

第6步 在【图层】面板中，设置【混合模式】为【滤色】，如图 7-113 所示。

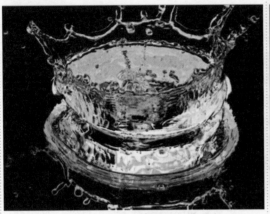

图7-112

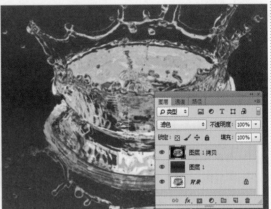

图7-113

第7步 按 Ctrl+J 组合键，再次对"图层1拷贝"图层进行复制，并将该图层的【不透明度】设置为 50%，即可完成抠取透明液态水的操作，如图 7-114 所示。

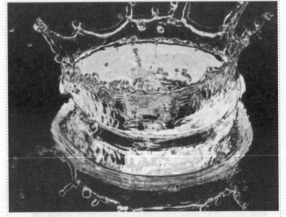

图7-114

7.6.3　利用剪贴蒙版抠图

 　　使用剪贴蒙版可以将一个图层中的图像剪贴至另一个图像的轮廓中，而不会影响图像的源数据。下面介绍使用剪贴蒙版抠图的具体方法。

| 配套素材路径：配套素材 \ 第 7 章 |
| 素材文件名称：27.jpg、28.jpg、利用剪贴蒙版抠图 .psd |

操作步骤 >> Step by Step

第1步 打开名为 27 和 28 的图像素材，切换至 28 图像素材中，按 Ctrl+A 组合键，全选图像，按 Ctrl+C 组合键，复制图像，如图 7-115 所示。

第2步 切换至 27 图像素材中，按 Ctrl+V 组合键，粘贴图像，按 Ctrl+T 组合键，调整图像的大小、角度和位置，如图 7-116 所示。

图7-115

图7-116

第3步 单击【图层】菜单，选择【创建剪贴蒙版】菜单项，如图 7-117 所示。

第4步 通过以上步骤即可完成利用剪贴蒙版抠图的操作，如图 7-118 所示。

图层(L) 类型(Y) 选择(S) 滤镜(T) 3D
　新建(N)　　　　　　　　　▶
　复制 CSS
　复制图层(D)...
　删除　　　　　　　　　　　▶
　重命名图层...
　图层样式(Y)　　　　　　　▶
　智能滤镜　　　　　　　　　▶
　新建填充图层(W)　　　　　▶
　新建调整图层(J)　　　　　▶
　创建剪贴蒙版(C)　 Alt+Ctrl+G

图7-117

图7-118

Section 7.7 思考与练习

　　通过本章的学习，读者可以掌握高级图像抠图的基本知识以及一些常见的操作方法，在本节中将针对本章知识点进行相关知识测试，以达到巩固与提高的目的。

一、填空题

1. 路径是用＿＿＿＿绘制出来的一系列点、直线和曲线的集合。作为一种矢量绘图工具，它的绘图方式不同于工具箱中其他的绘图工具。

2. 展开【路径】面板，右击"工作路径"选项，在弹出的快捷菜单中选择【删除路径】菜单项，可将所有的路径一并删除。如果只想删除某个路径，除了使用Delete键以外，还可以选中路径，执行＿＿＿＿→＿＿＿＿命令。

二、判断题

1. 使用图层蒙版可以很好地控制图层区域的显示或隐藏，可以在不破坏图像的情况下反复编辑图像，直至得到所需要的效果，使修改图像和创建复杂选区变得更加方便。

2. 路径不能够打印输出，只能存放于【路径】面板中。

三、思考题

1. 在Photoshop CC中如何复制路径？
2. 在Photoshop CC中如何利用矢量蒙版抠图？

第8章

图像特效设计与制作

本章要点

◐ 制作特效字
◐ 图像边框特效
◐ 数码暗房
◐ 设计图像风格
◐ 图像展示效果

本章主要内容

本章主要介绍制作特效字、图像边框特效、数码暗房、设计图像风格和图像展示效果方面的知识与技巧；在本章的最后还针对实际的工作需求，讲解制作木质相框效果、制作 LOMO 特效和制作拼缀图效果的方法。通过本章的学习，读者可以掌握图像特效设计与制作方面的知识，为深入学习 Photoshop CC 知识奠定基础。

Photoshop CC 图像编辑/调色/人像/抠图/修图/特效/合成（微课版）

Section
8.1

制作特效字

Photoshop 处理图像的功能十分强大，不同的工具和命令搭配，可以制作出具有视觉冲击力的图像，吸引人们的注意力。本节主要介绍 Photoshop 特效应用的基础知识。

8.1.1　制作牛奶字

在通道中制作塑料包装效果，载入选区后应用到图层中，可以制作出牛奶质感的文字。

配套素材路径：配套素材\第 8 章
素材文件名称：01.psd、牛奶字 .psd

操作步骤 >> Step by Step

第1步 打开名为 01 的图像素材，在【通道】面板中单击【创建新通道】按钮，创建一个名为 Alpha 1 的通道，如图 8-1 所示。

第2步 单击【横排文字工具】按钮 T，在【字符】面板中设置字体、字号，设置文字颜色为白色，输入文字，如图 8-2 所示。

图 8-1

图 8-2

第3步 按 Ctrl+D 组合键取消选择，将 Alpha 1 通道拖曳至面板底部的【创建新通道】按钮上，复制一个 "Alpha 1 拷贝" 通道，如图 8-3 所示。

第4步 按 Ctrl+K 组合键，打开【首选项】对话框，*1.* 选择【增效工具】选项，*2.* 选中【显示滤镜库的所有组和名称】复选框，*3.* 单击【确定】按钮，如图 8-4 所示。

图8-3

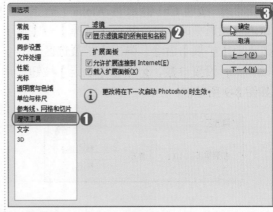

图8-4

第5步 执行【滤镜】→【艺术效果】→【塑料包装】命令,弹出【塑料包装】效果窗口,设置参数,如图 8-5 所示。

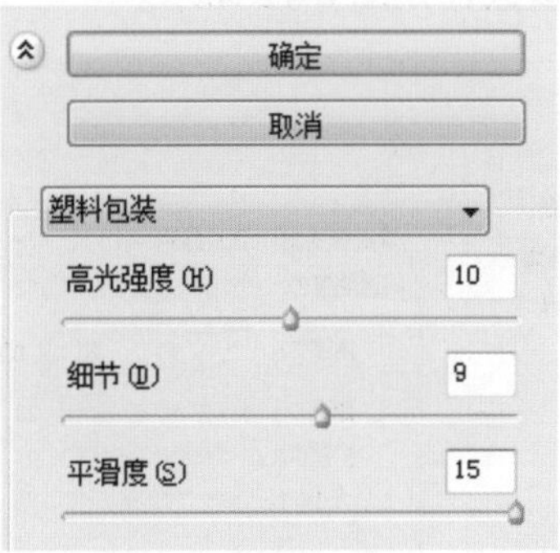

第6步 得到的效果如图 8-6 所示。

图8-5

图8-6

第7步 按住 Ctrl 键单击 "Alpha 1 拷贝" 通道,载入该通道中的选区,按 Ctrl+2 组合键返回 RGB 复合通道,显示彩色图像,如图 8-7 所示。

第8步 在【图层】面板中单击【创建新图层】按钮 ◻,新建名为 "图层 1" 的图层,在选区内填充白色,按 Ctrl+D 组合键取消选择,如图 8-8 所示。

图8-7

图8-8

Photoshop CC 图像编辑/调色/人像/抠图/修图/特效/合成（微课版）

第9步 按住 Ctrl 键单击 Alpha 1 通道，载入该通道中的选区，执行【选择】→【修改】→【扩展】命令，弹出【扩展选区】对话框，*1.* 设置参数，*2.* 单击【确定】按钮，如图 8-9 所示。

图 8-9

第11步 单击【图层】面板底部的【添加图层蒙版】按钮 ⬚，基于选区创建蒙版，如图 8-11 所示。

图 8-11

第13步 *1.* 在左侧选择【斜面和浮雕】选项，*2.* 设置参数，*3.* 单击【确定】按钮，如图 8-13 所示。

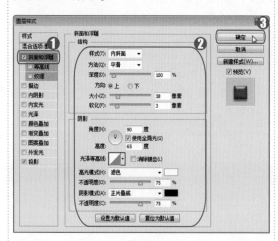

图 8-13

第10步 效果如图 8-10 所示。

图 8-10

第12步 双击文字图层，打开【图层样式】对话框，*1.* 在左侧选择【投影】选项，*2.* 设置参数，如图 8-12 所示。

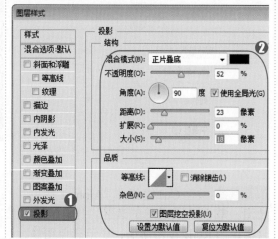

图 8-12

第14步 得到效果如图 8-14 所示。

图 8-14

第15步 单击【图层】面板底部的【创建新图层】按钮，新建一个"图层 2"图层，将前景色设置为黑色，使用【椭圆工具】在画面中绘制圆形，如图 8-15 所示。

图 8-15

第17步 得到效果如图 8-17 所示。

图 8-17

第19步 显示"热气球"图层，调整位置，即可完成制作牛奶字的操作，如图 8-19 所示。

图 8-19

第16步 执行【滤镜】→【扭曲】→【波浪】命令，弹出【波浪】对话框，1. 设置参数，2. 单击【确定】按钮，如图 8-16 所示。

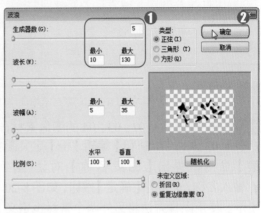

图 8-16

第18步 按 Ctrl+Alt+G 组合键，创建剪贴蒙版，将花纹的显示范围限定在下面的文字区域内，如图 8-18 所示。

图 8-18

8.1.2　制作激光字

使用自定义的图案给智能对象添加图层样式，通过不同的图案叠加出绚烂的效果。

配套素材路径：配套素材 \ 第 8 章
素材文件名称：02.jpg、03.jpg、04.jpg、05.psd、激光字 .psd

操作步骤 >> Step by Step

【第1步】 打开名为 02、03、04 的图像素材，切换至 02 素材中，执行【编辑】→【定义图案】命令，弹出【图案名称】对话框，*1.* 输入名称，*2.* 单击【确定】按钮，如图 8-20 所示。使用同样方法将另外两个素材也定义为图案。

图 8-20

【第3步】 双击"矢量智能对象 1"图层，打开【图层样式】对话框，*1.* 选择【投影】选项，*2.* 设置参数，如图 8-22 所示。

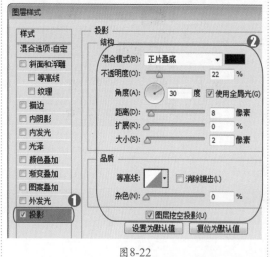

图 8-22

【第2步】 打开名为 05 的图像素材，如图 8-21 所示。

图 8-21

【第4步】 *1.* 选择【图案叠加】选项，*2.* 设置【混合模式】为【颜色减淡】，*3.* 在【图案】下拉列表中选择自定义的"图案 1"选项，*4.* 设置【缩放】为 184%，如图 8-23 所示。

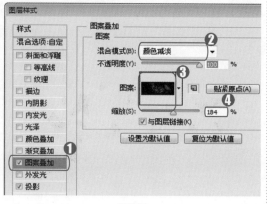

图 8-23

第5步　不要关闭【图层样式】对话框，此时将光标放置在文字上，光标会变为移动工具，在文字上单击并拖动鼠标，可以调整图案的位置，调整完毕后再单击【确定】按钮，关闭对话框，如图 8-24 所示。

图 8-24

第7步　双击该图层后面的 fx 图标，打开【图层样式】对话框，**1.** 选择【图案叠加】选项，**2.** 在【图案】下拉列表中选择"图案 3"选项，**3.** 修改【缩放】为 77%，如图 8-26 所示。

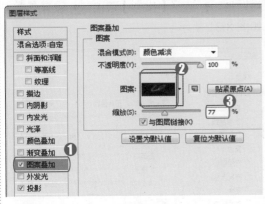

图 8-26

第9步　重复上面的操作，复制图层，将复制的文字向上移动，使用自定义的"图案 4"对文字进行填充，如图 8-28 所示。

第6步　按 Ctrl+J 组合键，复制当前图层，单击工具箱中的【移动工具】按钮，按键盘上的↑键，连续按 15 次，使文字之间产生一定的距离。使用相同方法定义 03.jpg 和 04.jpg，如图 8-25 所示。

图 8-25

第8步　同样，在不关闭【图层样式】对话框的情况下，调整图案位置，使更多的光斑出现在文字上，如图 8-27 所示。

图 8-27

第10步　通过以上步骤即可完成制作激光字的操作，如图 8-29 所示。

Photoshop CC 图像编辑/调色/人像/抠图/修图/特效/合成（微课版）

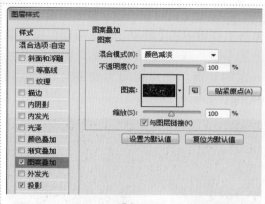

图8-28

图8-29

8.1.3 制作金属字 微课堂

使用图层样式可以制作具有真实质感的金属特效字。

| 配套素材路径：配套素材 \ 第 8 章 |
| 素材文件名称：06.psd、07.jpg、金属字 .psd |

操作步骤 >> Step by Step

第1步 打开名为 06 的图像素材，使用【横排文字工具】在画面中单击输入文字，如图 8-30 所示。

图8-30

第3步 选择【内发光】选项，设置参数，如图 8-32 所示。

第2步 双击文字图层，打开【图层样式】对话框，1. 选择【投影】选项，2. 设置参数，如图 8-31 所示。

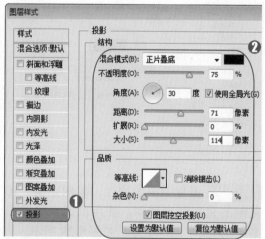

图8-31

第4步 选择【渐变叠加】选项，设置参数，如图 8-33 所示。

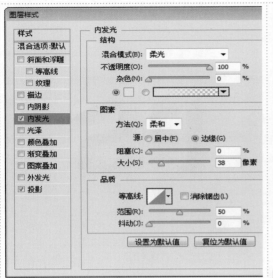

图 8-32

第5步 选择【斜面和浮雕】选项，设置参数，如图 8-34 所示。

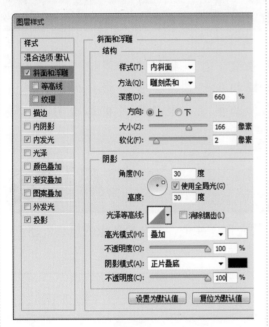

图 8-34

第7步 打开名为 07 的图像素材，使用【移动工具】将其拖入 06 素材中，按 Ctrl+Alt+G 组合键，创建剪贴蒙版，将纹理图像的显示范围限制在文字区域内，如图 8-36 所示。

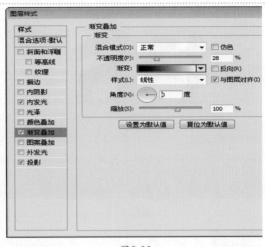

图 8-33

第6步 选择【等高线】选项，*1.* 设定一种等高线样式，*2.* 单击【确定】按钮，如图 8-35 所示。

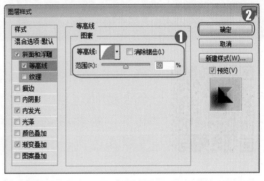

图 8-35

第8步 双击"图层 1"，打开【图层样式】对话框，按住 Alt 键拖曳【本图层】选项中的白色滑块至 202 时释放鼠标，如图 8-37 所示。

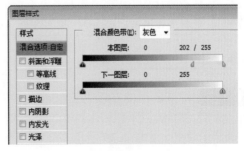

图 8-37

图8-36

第9步 单击【确定】按钮。通过以上步骤即可完成制作金属字的操作，如图 8-38 所示。

图8-38

"佛靠金装，人靠衣装"，一幅精美的图像同样需要一个合适的边框。随着数码相机的普及，爱好摄影的朋友越来越多，给拍摄的图像添加相框除了能让照片更加出彩外，还可以表达出一种艺术情感。

8.2.1 制作黑色边框

黑色既属于无彩色，又属于中性色。使用黑色制作相框，不会抢图像的风头，还可以起到丰富图像的作用。

 配套素材路径：配套素材\第 8 章
素材文件名称：08.jpg、黑色边框 .jpg

操作步骤 >> Step by Step

第1步 打开名为 08 的图像素材，双击"背景"图层，弹出【新建图层】对话框，单击【确定】按钮，如图 8-39 所示。

第2步 得到"图层 0"图层，执行【图像】→【画布大小】命令，弹出【画布大小】对话框，*1.* 设置参数，*2.* 单击【确定】按钮，图 8-40 所示。

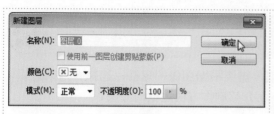

图 8-39

第 3 步　新建名为"图层 1"的图层，调整"图层 1"至"图层 0"下方，设置前景色为白色，并填充前景色，如图 8-41 所示。

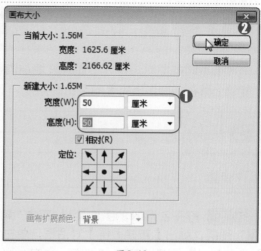

图 8-40

第 4 步　双击"图层 0"图层，弹出【图层样式】对话框，选择【描边】选项，**1.** 设置参数，**2.** 单击【确定】按钮，如图 8-42 所示。

图 8-41

第 5 步　通过以上步骤即可完成制作黑色边框的操作，图 8-43 所示。

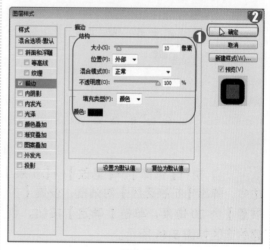

图 8-42

图 8-43

8.2.2 制作方块边框

对于不同类型的照片，不能盲目地加边框，需要根据图像的风格，选择合适的边框，才能锦上添花，制作出完美的装饰画效果。下面介绍制作方块边框的方法。

配套素材路径：配套素材 \ 第 8 章	
素材文件名称：09.jpg、方块边框 .jpg	

操作步骤 >> Step by Step

第1步 打开名为 09 的图像素材，双击"背景"图层，弹出【新建图层】对话框，单击【确定】按钮，得到"图层 0"图层，如图 8-44 所示。

图 8-44

第3步 执行【选择】→【修改】→【扩展】命令，弹出【扩展选区】对话框，设置【扩展量】为 20 像素，单击【确定】按钮。创建的选区如图 8-46 所示。

图 8-46

第2步 按 Ctrl+A 组合键，全选图像，执行【选择】→【修改】→【边界】命令，弹出【边界选区】对话框，*1.* 设置参数，*2.* 单击【确定】按钮，如图 8-45 所示。

图 8-45

第4步 单击工具箱中的【以快速蒙版模式编辑】按钮，执行【滤镜】→【滤镜库】命令，弹出【滤镜库】对话框，*1.* 展开【扭曲】面板，*2.* 选择【玻璃】滤镜，*3.* 设置各选项参数，*4.* 单击【确定】按钮，如图 8-47 所示。

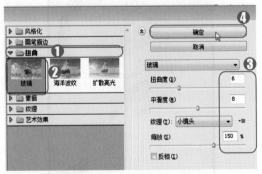

图 8-47

第5步 执行【滤镜】→【像素化】→【碎片】命令，制作类似重影的效果，如图 8-48 所示。

图8-48

第7步 单击工具箱中的【以标准模式编辑】按钮 ，新建图层，设置前景色为白色，并填充前景色，如图 8-50 所示。

图8-50

第9步 取消选区。通过以上步骤即可完成制作方块花边边框的操作，如图 8-52 所示。

第6步 执行【滤镜】→【锐化】→【锐化】命令，按 Ctrl+F 组合键 6 次，锐化图像，如图 8-49 所示。

图8-49

第8步 执行【编辑】→【描边】命令，弹出【描边】对话框，**1.** 设置参数及【颜色】（RGB 为 148、53、255），**2.** 单击【确定】按钮，如图 8-51 所示。

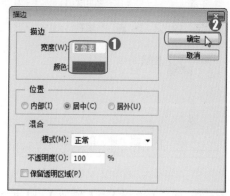

图8-51

图8-52

Photoshop CC 图像编辑/调色/人像/抠图/修图/特效/合成（微课版）

| 8.2.3 | 制作个性边框 |

唯美的艺术照片，搭配漂亮的个性边框，不仅能够增加艺术照片的唯美度，而且能够体现个人的气质和品位。

配套素材路径：配套素材 \ 第 8 章
素材文件名称：10.jpg、个性边框 .jpg

操作步骤 >> Step by Step

第1步 打开名为 10 的图像素材，双击"背景"图层，弹出【新建图层】对话框，单击【确定】按钮，得到"图层 0"图层，如图 8-53 所示。

图 8-53

第3步 执行【选择】→【修改】→【扩展】命令，弹出【扩展选区】对话框，设置【扩展量】为 20 像素，单击【确定】按钮，创建的选区如图 8-55 所示。

第2步 按 Ctrl+A 组合键，全选图像，执行【选择】→【修改】→【边界】命令，弹出【边界选区】对话框，设置【宽度】为 2 像素，单击【确定】按钮，得到的效果如图 8-54 所示。

图 8-54

第4步 单击工具箱中的【以快速蒙版模式编辑】按钮，执行【滤镜】→【像素化】→【晶格化】命令，弹出【晶格化】对话框，**1.** 设置参数，**2.** 单击【确定】按钮，如图 8-56 所示。

图8-55

第5步 执行【滤镜】→【像素化】→【碎片】命令，制作类似重影的效果，如图 8-57 所示。

图8-57

第7步 执行【滤镜】→【扭曲】→【挤压】命令，弹出【挤压】对话框，设置【数量】为 100%，单击【确定】按钮，得到的效果如图 8-59 所示。

图8-56

第6步 执行【滤镜】→【滤镜库】命令，弹出【滤镜库】对话框，**1.** 展开【画笔描边】面板，**2.** 选择【喷溅】滤镜，**3.** 设置各选项参数，**4.** 单击【确定】按钮，如图 8-58 所示。

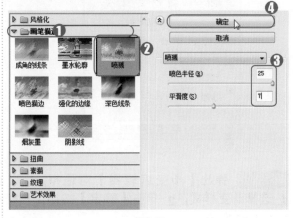

图8-58

第8步 执行【滤镜】→【扭曲】→【旋转扭曲】命令，弹出【旋转扭曲】对话框，设置【角度】为 999 度，单击【确定】按钮，得到的效果如图 8-60 所示。

图8-59

图8-60

第9步 单击工具箱中的【以标准模式编辑】按钮，按Ctrl+J组合键复制选区内的图像，得到“图层1”图层，如图8-61所示，双击“图层1”图层。

图8-61

第10步 弹出【图层样式】对话框，***1.*** 选择【描边】选项，***2.*** 设置【大小】为1像素，***3.*** 设置【填充类型】为【渐变】，***4.*** 单击【点按可编辑渐变】按钮，如图8-62所示。

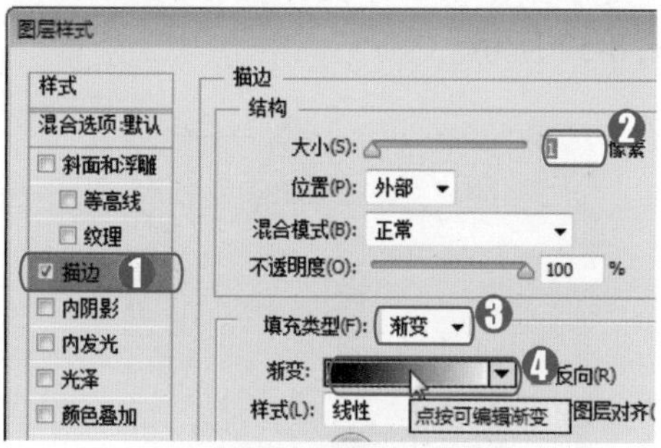

图8-62

第11步 弹出【渐变编辑器】对话框，***1.*** 选择渐变样式，***2.*** 单击【确定】按钮，如图8-63所示。

图8-63

第12步 返回【图层样式】对话框，单击【确定】按钮，即可完成制作个性边框的操作，如图8-64所示。

图8-64

数码暗房

数码摄影时代的来临已经势不可当，而数码相机的普及为摄影爱好者积累素材提供了更加快捷的方法。数码暗房特效在影楼调色中运用得相对较多，是影楼在后期合成中一项常用的特殊处理方法。

8.3.1　制作古典特效

古典特效是一种后现代复古色调，应用了该特效的图像会显得非常神秘，能够很好地烘托画面氛围，让图像富有复古情调。

配套素材路径：配套素材 \ 第 8 章
素材文件名称：11.jpg、古典特效 .jpg

操作步骤　>>　Step by Step

第1步　打开名为 11 的图像素材，如图 8-65 所示。

第2步　新建"图层 1"图层，设置前景色为深蓝色（RGB 为 1、23、51），并填充前景色，设置"图层 1"图层的【混合模式】为【排除】，效果如图 8-66 所示。

图 8-65

第3步　新建"图层 2"图层，设置前景色为浅蓝色（RGB 为 211、245、253），填充前景色，设置"图层 2"图层的【混合模式】为【颜色加深】，效果如图 8-67 所示。

图 8-66

第4步　新建"图层 3"图层，设置前景色为褐色（RGB 为 154、119、59），填充前景色，设置"图层 3"图层的【混合模式】为【柔光】，效果如图 8-68 所示。

Photoshop CC 图像编辑/调色/人像/抠图/修图/特效/合成（微课版）

图8-67

图8-68

第5步 新建"色阶1"调整图层，展开【属性】面板，设置参数，如图 8-69 所示。

第6步 通过以上步骤即可完成制作古典特效的操作，如图 8-70 所示。

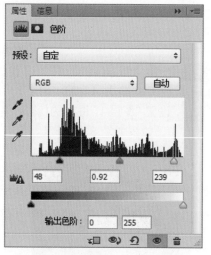

图8-69

图8-70

8.3.2　制作清新特效

清新特效是一种柔美度极其丰富的色调，是一种淡雅而柔和的色调。运用清新特效，可以凸显图像的柔和美，从而增强照片的唯美度。

配套素材路径：配套素材 \ 第 8 章

素材文件名称：12.jpg、清新特效 .jpg

操作步骤 >> Step by Step

第1步 打开名为 12 的图像素材，如图 8-71 所示。

图 8-71

第3步 选择【蓝】选项，设置第 1 点【输入】和【输出】值分别为 88、134，设置第 2 点【输入】和【输出】值分别为 153、180，如图 8-73 所示。

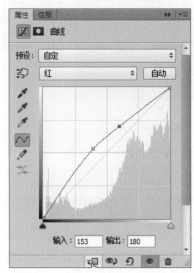

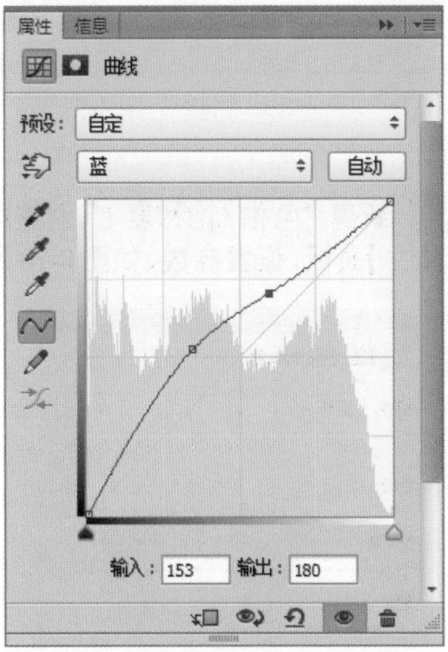

图 8-72

第2步 新建"曲线 1"调整图层，展开【属性】面板，选择【红】选项，设置第 1 点【输入】和【输出】值分别为 100、136，设置第 2 点【输入】和【输出】值分别为 153、180，如图 8-72 所示。

第4步 按 Ctrl+Alt+Shift+E 组合键，盖印图层，得到"图层 1"图层，执行【图像】→【调整】→【去色】命令，给图像去色，如图 8-74 所示。

图 8-74

图 8-73

Photoshop CC 图像编辑/调色/人像/抠图/修图/特效/合成（微课版）

第5步 执行【滤镜】→【其他】→【高反差保留】命令，弹出【高反差保留】对话框，设置参数，单击【确定】按钮，如图 8-75 所示。

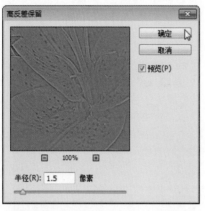

图 8-75

第6步 设置"图层 1"图层的混合模式为【叠加】。通过以上步骤即可完成制作清新特效的操作，如图 8-76 所示。

图 8-76

8.3.3 制作暗角特效

暗角特效是一种能够凸显主体的特效。暗角特效的制作方法有很多种，本节介绍一种通俗易学的制作方法。

配套素材路径：配套素材＼第 8 章
素材文件名称：13.jpg、暗角特效 .jpg

操作步骤 >> Step by Step

第1步 打开名为 13 的图像素材，如图 8-77 所示。

图 8-77

第2步 新建"色相/饱和度 1"调整图层，展开【属性】面板，设置参数，如图 8-78 所示。

图 8-78

第3步 新建"图层 1"图层，按 Ctrl+A 组合键，全选图像，执行【选择】→【修改】→【边界】命令，弹出【边界选区】对话框，设置【宽度】为 2 像素，单击【确定】按钮，效果如图 8-79 所示。

图8-79

第5步 按 Shift+F6 组合键，弹出【羽化选区】对话框，设置【羽化半径】为 50 像素，单击【确定】按钮，效果如图 8-81 所示。

图8-81

第4步 执行【选择】→【修改】→【扩展】命令，弹出【扩展选区】对话框，设置【扩展量】为 50 像素，单击【确定】按钮，效果如图 8-80 所示。

图8-80

第6步 为选区填充黑色，设置"图层 1"图层的【不透明度】为 80%，取消选区即可完成制作暗角特效的操作，如图 8-82 所示。

图8-82

Section 8.4 设计图像风格

　　运用 Photoshop 处理图像，能够制作出很多特效。滤镜是 Photoshop 中制作特效的重要手段之一，它就像一位魔术师，可以瞬间把普通的图像变为非凡的、极具视觉艺术效果的作品。

| 8.4.1 | 制作水彩画效果 |

【水彩】滤镜能够以水彩的风格绘制图像，通过简化图像的细节，改变图像边界的色调及饱和图像的颜色，使颜色更为饱满，显示出一种类似于水彩风格的图像效果。

| 配套素材路径：配套素材 \ 第 8 章 |
| 素材文件名称：14.jpg、水彩画效果 .jpg |

操作步骤 >> Step by Step

第1步 打开名为 14 的图像素材，新建"亮度 / 对比度 1"调整图层，展开【属性】面板，设置参数，如图 8-83 所示。

第2步 新建"自然饱和度 1"调整图层，展开【属性】面板，设置参数，如图 8-84 所示。

图 8-83

图 8-84

第3步 按 Ctrl+Alt+Shift+E 组合键，盖印图层，得到"图层 1"图层，执行【滤镜】→【滤镜库】命令，弹出【滤镜库】对话框，**1.** 展开【艺术效果】面板，**2.** 选择【水彩】滤镜，**3.** 设置参数，**4.** 单击【确定】按钮，如图 8-85 所示。

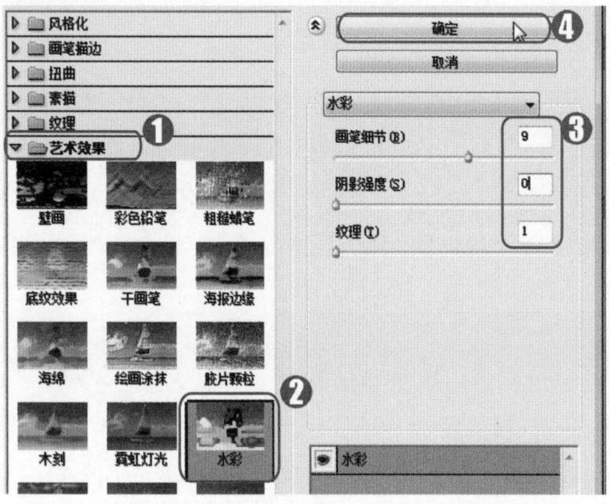

第4步 通过以上步骤即可完成制作水彩画效果的操作，如图 8-86 所示。

图 8-86

图 8-85

8.4.2 **制作影印效果**

　　影印效果是一种勾勒边缘的艺术效果，是通过【影印】滤镜来实现的特殊效果。【影印】滤镜可以模拟影印图像的效果，大的暗区趋向于只复制边缘四周，而中间色调要么是纯黑色，要么是纯白色。

配套素材路径：配套素材\第8章
素材文件名称：15.jpg、影印效果.jpg

操作步骤　>> Step by Step

第1步　打开名为15的图像素材,新建"自然饱和度1"调整图层,展开【属性】面板,设置参数,如图8-87所示。

图8-87

第2步　新建"照片滤镜1"调整图层,展开【属性】面板,设置参数,如图8-88所示。

图8-88

第3步　按Ctrl+Alt+Shift+E组合键,盖印图层,得到"图层1"图层,执行【滤镜】→【滤镜库】命令,弹出【滤镜库】对话框,**1.** 展开【素描】面板,**2.** 选择【影印】滤镜,**3.** 设置参数,**4.** 单击【确定】按钮,如图8-89所示。

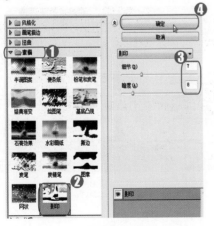

图8-89

第4步　通过以上步骤即可完成制作影印效果的操作,如图8-90所示。

图8-90

Photoshop CC 图像编辑/调色/人像/抠图/修图/特效/合成（微课版）

8.4.3　制作马赛克拼贴效果

马赛克拼贴特效是通过【马赛克拼贴】滤镜来实现的一种特殊效果。【马赛克拼贴】滤镜可以渲染图像，使图像看起来像是由小的碎片拼贴组成的，然后加深拼贴之间缝隙的颜色。

| 配套素材路径：配套素材\第8章 |
| 素材文件名称：16.jpg、马赛克拼贴效果.jpg |

操作步骤 >> Step by Step

第1步 打开名为16的图像素材，新建"自然饱和度1"调整图层，展开【属性】面板，设置参数，如图8-91所示。

图8-91

第3步 按Ctrl+Alt+Shift+E组合键，盖印图层，得到"图层1"图层，执行【滤镜】→【滤镜库】命令，弹出【滤镜库】对话框，**1.**展开【纹理】面板，**2.**选择【马赛克拼贴】滤镜，**3.**设置参数，**4.**单击【确定】按钮，如图8-93所示。

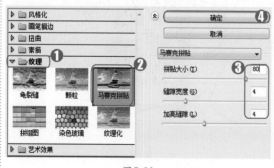

图8-93

第2步 新建"色阶1"调整图层，展开【属性】面板，设置参数，如图8-92所示。

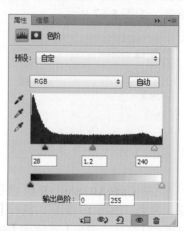

图8-92

第4步 通过以上步骤即可完成制作马赛克拼贴效果的操作，如图8-94所示。

图8-94

专题课堂——图像展示效果

在 Photoshop 中，图像的各种展示效果就是通过各种不同的形式，呈现出各种不同的视觉效果。这种处理方法不仅是图像的展示，也是图像后期合成特效制作中处理图像素材的一种重要手段。

8.5.1　制作圆角边效果　微课堂

圆角边照片效果是一种展现照片弧形美的展示效果，通过调整图像边框的圆角效果代替僵硬的直角，达到柔化展示图像的效果。

配套素材路径：配套素材 \ 第 8 章
素材文件名称：17.jpg、圆角边效果 .jpg

操作步骤 >> Step by Step

第1步 打开名为 17 的图像素材，在【图层】面板中选择"背景"图层，按 Ctrl+J 组合键，复制"背景"图层，得到"图层 1"图层，选择"背景"图层，新建"图层 2"图层，设置前景色为白色，填充前景色，隐藏"图层 1"图层，如图 8-95 所示。

图8-95

第2步 在工具箱中单击【圆角矩形工具】按钮，在工具属性栏中设置【模式】为【形状】，【填充】为黑色，【描边】为【无填充】，【半径】为 50 像素，如图 8-96 所示。

图8-96

第3步 在图像编辑窗口的左上角单击并拖动鼠标至合适位置释放鼠标左键，即可创建黑色圆角矩形，如图 8-97 所示。

图 8-97

第5步 通过以上步骤即可完成制作圆角边效果的操作，如图 8-99 所示。

第4步 显示并选择"图层 1"图层，**1.** 单击【图层】菜单，**2.** 选择【创建剪贴蒙版】菜单项，如图 8-98 所示。

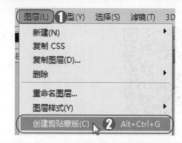

图 8-98

图 8-99

8.5.2 立体展示照片

照片的立体空间展示就是利用照片的投影效果，衬托图像的立体空间感。立体空间展示能够唯美地展示照片，达到具有视觉冲击的展示效果。

配套素材路径：配套素材 \ 第 8 章
素材文件名称：18.jpg、立体展示照片 .jpg

操作步骤 >> Step by Step

第1步 打开名为 18 的图像素材，在【图层】面板中双击"背景"图层，弹出【新建图层】对话框，保持默认设置，单击【确定】按钮，得到"图层 0"图层，如图 8-100 所示。

第2步 执行【图像】→【画布大小】命令，弹出【画布大小】对话框，**1.** 设置参数，**2.** 单击【确定】按钮，如图 8-101 所示。

图 8-100

第 3 步　复制"图层 0"得到"图层 0 拷贝"图层，按 Ctrl+T 组合键，调出变换控制框，设置中心点的位置为底边居中，右击鼠标，在弹出的快捷菜单中选择【垂直翻转】菜单项，按 Enter 键，确认图像的变换操作，如图 8-102 所示。

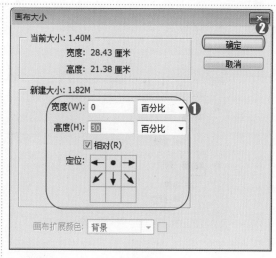

图 8-101

第 4 步　双击"图层 0 拷贝"图层，弹出【图层样式】对话框，设置【不透明度】为 60%，*1.* 选择【描边】选项，*2.* 设置参数，*3.* 单击【确定】按钮，如图 8-103 所示。

图 8-102

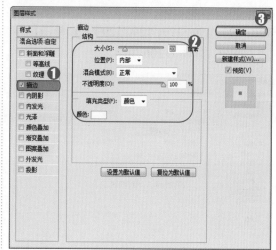

图 8-103

第 5 步　右击"图层 0 拷贝"图层，在弹出的快捷菜单中选择【拷贝图层样式】菜单项，右击"图层 0"图层，在弹出的快捷菜单中选择【粘贴图层样式】菜单项。打开【图层】面板，设置【不透明度】为100%，如图 8-104 所示。

第 6 步　新建"图层 1"图层，设置前景色为白色，并填充前景色，调整"图层 1"图层至"图层 0"图层的下方，如图 8-105 所示。

Photoshop CC 图像编辑/调色/人像/抠图/修图/特效/合成（微课版）

图 8-104

图 8-105

第7步 双击"图层 1"图层，弹出【图层样式】对话框，**1.**选择【渐变叠加】选项，**2.**单击【渐变】右侧的【点按可编辑渐变】按钮，弹出【渐变编辑器】对话框，在渐变色条上添加 5 个色标（各色标 RGB 参数分别为 208、208、208；31、31、31；0、0、0；190、190、190；129、129、129），**3.**单击【确定】按钮，如图 8-106 所示。

第8步 新建"色相/饱和度 1"调整图层，展开【属性】面板，设置参数，如图 8-107所示。

图 8-107

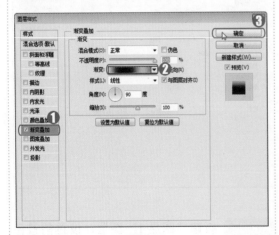

图 8-106

第9步 通过以上步骤即可完成立体展示照片的操作，如图 8-108 所示。

图 8-108

8.5.3　制作拍立得照片效果

拍立得照片效果可以在相纸上显现拍摄影像，四边的白框还可以涂鸦写字，与一般冲洗的无边框相片比较起来别有一番风趣。

配套素材路径：配套素材 \ 第 8 章
素材文件名称：19.jpg、拍立得效果 .jpg

操作步骤 >> Step by Step

第1步 打开名为 19 的图像素材，在【图层】面板中双击"背景"图层，弹出【新建图层】对话框，保持默认设置，单击【确定】按钮，得到"图层 0"图层，按 Ctrl+T 组合键，调出自由变换框，在工具属性栏中设置【旋转】为 90°，按 Enter 键确认变换操作，执行【图像】→【显示全部】命令，全部显示图像，如图 8-109 所示。

图8-109

第3步 执行【图像】→【裁切】命令，弹出【裁切】对话框，选中【透明像素】单选按钮，单击【确定】按钮裁切图像，效果如图 8-111 所示。

第2步 执行【图像】→【图像大小】命令，弹出【图像大小】对话框，设置【宽度】为 1200 像素，单击【确定】按钮，按 Ctrl+T 组合键，调出自由变换框，在工具属性栏中设置【旋转】为 -90°，按 Enter 键确认变换操作，如图 8-110 所示。

图8-110

第4步 执行【图像】→【画布大小】命令，弹出【画布大小】对话框，选中【相对】复选框，设置【宽度】和【高度】均为 10%，单击【确定】按钮。再次执行【图像】→【画布大小】命令，弹出【画布大小】对话框，**1.** 选中【相对】复选框，设置【高度】为 50%，【定位】为【垂直、顶】，**2.** 单击【确定】按钮，如图 8-112 所示。

Photoshop CC 图像编辑/调色/人像/抠图/修图/特效/合成（微课版）

图8-111

第5步 双击"图层0"图层，弹出【图层样式】对话框，**1.** 选中【描边】复选框，**2.** 设置参数，**3.** 单击【确定】按钮，如图8-113所示。

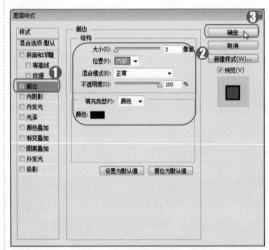

图8-113

图8-112

第6步 新建"图层1"图层，右击"图层0"图层，在弹出的快捷菜单中选择【拷贝图层样式】菜单项，右击"图层1"图层，在弹出的快捷菜单中选择【粘贴图层样式】菜单项。通过以上步骤即可而完成制作拍立得照片效果的操作，如图8-114所示。

图8-114

Section 8.6 实践经验与技巧

　　在本节的学习过程中，将侧重介绍和讲解与本章知识点有关的实践经验及技巧，主要包括制作木质相框效果、制作LOMO特效、制作拼缀图等方面的知识与操作技巧。

8.6.1　制作木质相框效果

木质相框是一种最常见的相框特效，也是运用较为广泛的一种相框特效，这种相框不仅能够把自然与图像融合，而且能够凸显图像的美感。

| 配套素材路径：配套素材 \ 第 8 章 |
| 素材文件名称：20.jpg、木质相框效果 .jpg |

操作步骤 >> Step by Step

第1步　打开名为 20 的图像素材，在【图层】面板中选择"背景"图层，按 Ctrl+J 组合键，复制"背景"图层，得到"图层 1"图层，执行【图像】→【画布大小】命令，弹出【画布大小】对话框，**1.** 设置参数，**2.** 单击【确定】按钮，如图 8-115 所示。

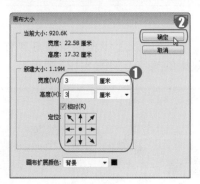

图 8-115

第3步　新建"图层 2"图层，设置前景色为黄色（RGB 为 234、185、116），为选区填充前景色，如图 8-117 所示。

图 8-117

第2步　按住 Ctrl 键的同时单击"图层 1"的图层缩览图，载入选区，按 Shift+F7 组合键，反选选区，如图 8-116 所示。

图 8-116

第4步　执行【滤镜】→【杂色】→【添加杂色】命令，弹出【添加杂色】对话框，**1.** 设置参数，**2.** 单击【确定】按钮，如图 8-118 所示。

图 8-118

Photoshop CC 图像编辑/调色/人像/抠图/修图/特效/合成（微课版）

第5步 执行【滤镜】→【模糊】→【动感模糊】命令，弹出【动感模糊】对话框，**1.** 设置参数，**2.** 单击【确定】按钮，如图 8-119 所示。

图 8-119

第6步 双击"图层2"图层，弹出【图层样式】对话框，**1.** 选择【斜面和浮雕】选项，**2.** 设置参数，**3.** 单击【确定】按钮，如图 8-120 所示。

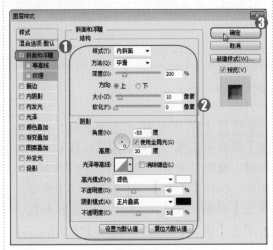

图 8-120

第7步 双击"图层1"图层，弹出【图层样式】对话框，**1.** 选择【内阴影】选项，**2.** 设置参数，**3.** 单击【确定】按钮，如图 8-121 所示。

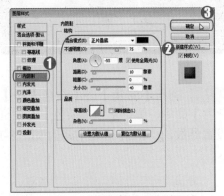

图 8-121

第8步 通过以上步骤即可完成制作木质相框效果的操作，如图 8-122 所示。

图 8-122

8.6.2 制作LOMO特效

LOMO色调是一种流行的时尚色调，LOMO色调在图像内容上面没有特定的主题，只是通过色调的表现来突出画面氛围。

配套素材路径：配套素材 \ 第 8 章

素材文件名称：21.jpg、LOMO 特效 .jpg

操作步骤 >> Step by Step

第1步　打开名为 21 的图像素材，如图 8-123 所示。

图 8-123

第3步　新建"色相／饱和度 1"调整图层，展开【属性】面板，设置各选项参数为 0、-50、0，即可降低图像饱和度，如图 8-125 所示。

图 8-125

第5步　按 Ctrl+Alt+Shift+E 组合键，盖印图层，得到"图层 2"图层，双击"图层 2"图层，弹出【图层样式】对话框，**1.** 选择【颜色叠加】选项，**2.** 设置参数，设置【颜色叠加】为米黄色（RGB 为 255、238、192），**3.** 单击【确定】按钮，如图 8-127 所示。

第2步　新建"色彩平衡 1"调整图层，展开【属性】面板，设置各选项参数为 -44、-71、-55；设置【色调】为【阴影】，设置各选项参数为 0、0、7；设置【色调】为【高光】，设置各选项参数为 0、9、-25，即可调整图像色调，如图 8-124 所示。

图 8-124

第4步　按 Ctrl+Alt+Shift+E 组合键，盖印图层，得到"图层 1"图层，新建"色彩平衡 2"调整图层，展开【属性】面板，设置各选项参数为 0、0、33；设置【色调】为【高光】，设置各选项参数为 11、-11、16，效果如图 8-126 所示。

图 8-126

第6步　新建"亮度／对比度 1"调整图层，展开【属性】面板，设置各选项参数，最终效果如图 8-128 所示。

Photoshop CC 图像编辑/调色/人像/抠图/修图/特效/合成（微课版）

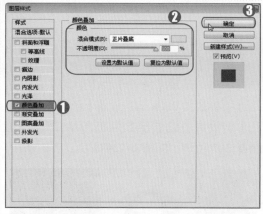

图8-127

图8-128

8.6.3　制作拼缀图效果

微课堂

在Photoshop中，制作拼缀图效果，也是常用的技巧。

配套素材路径：配套素材 \ 第 8 章

素材文件名称：22.jpg、拼缀图效果.jpg

操作步骤 >> Step by Step

第1步 打开名为 22 的图像素材，如图 8-129 所示。

图8-129

第3步 新建"亮度 / 对比度 1"调整图层，展开【属性】面板，设置各选项参数，如图 8-131 所示。

第2步 新建"自然饱和度 1"调整图层，展开【属性】面板，设置各选项参数，如图 8-130 所示。

图8-130

第4步 按 Ctrl+Alt+Shift+E 组合键，盖印图层，得到"图层 1"图层，执行【滤镜】→【滤镜库】命令，弹出【滤镜库】对话框，**1.** 展开【纹理】面板，**2.** 选择【拼缀图】滤镜，**3.** 设置参数，**4.** 单击【确定】按钮，如图 8-132 所示。

图8-131

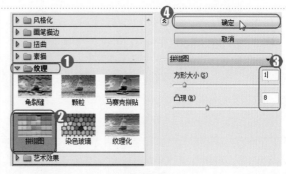

图8-132

第5步 通过以上步骤即可完成制作拼缀图效果的操作，如图8-133所示。

图8-133

Section 8.7 思考与练习

通过本章的学习，读者可以掌握图像特效设计与制作的基本知识以及一些常见的操作方法，在本节中将针对本章知识点进行相关知识测试，以达到巩固与提高的目的。

一、填空题

1. ＿＿＿＿＿既属于无彩色，又属于中性色。使用黑色制作相框，不会抢图像的风头，还可以起到丰富图像的作用。

2. ＿＿＿＿＿是一种后现代复古色调，应用了该特效的图像会显得非常神秘，能够很好地烘托画面氛围，让图像富有复古情调。

二、判断题

1. 运用清新特效，可以凸显图像的柔和美，从而增强照片的唯美度。

2. 运用Photoshop处理图像，能够制作出很多特效。滤镜是Photoshop中制作特效的重要手段之一。

三、思考题

1. 在Photoshop CC中如何制作黑色边框？
2. 在Photoshop CC中如何制作水彩画效果？

第9章

图像效果合成

本章主
要内容

本章主要介绍风景创意合成、人像画面合成、卡片创意合成和婚纱照片合成方面的知识与技巧；在本章的最后还针对实际的工作需求，讲解化妆品广告合成、餐厅宣传页制作和汽车海报制作的方法。通过本章的学习，读者可以掌握图像效果合成方面的知识，为深入学习 Photoshop CC 知识奠定基础。

Section 9.1 风景创意合成

用数码相机拍摄的相片只是一张普通的照片，这时候需要使用计算机把这些普通的相片变成艺术作品。本节主讲风景专题，通过运用 Photoshop 达到理想的美景效果。

9.1.1 制作雪景效果

微课堂

我们可以使用一张其他季节的风景图制作出冬季雪景的效果，只要依靠Photoshop中的通道、滤镜以及调整图层等知识即可。

配套素材路径：配套素材 \ 第 9 章
素材文件名称：01.jpg、雪景效果 .jpg

操作步骤 >> Step by Step

第1步　打开名为 01 的图像素材，在【图层】面板中选择"背景"图层，按 Ctrl+J 组合键得到"图层 1"图层，如图 9-1 所示。

图9-1

第3步　按 Ctrl+V 组合键，粘贴选区，如图 9-3 所示。

第2步　按 Ctrl+A 组合键，全选图像，建立选区，按 Ctrl+C 组合键，复制选区内的图像，展开【通道】面板，单击【创建新通道】按钮，创建一个新的 Alpha1 通道，如图 9-2 所示。

图9-2

第4步　按 Ctrl+D 组合键，取消选区，如图 9-4 所示。

图9-3

图9-4

第5步 执行【滤镜】→【滤镜库】命令，弹出【滤镜库】对话框，**1.** 展开【艺术效果】面板，**2.** 选择【胶片颗粒】滤镜，**3.** 设置参数，**4.** 单击【确定】按钮，如图9-5所示。

第6步 在【通道】面板中单击【将通道作为选区载入】按钮，新建选区，如图9-6所示。

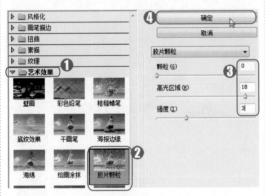

图9-5

图9-6

第7步 按 Ctrl+C 组合键，复制选区内的图像，切换至【图层】面板，单击"图层 1"图层，按 Ctrl+V 组合键，粘贴选区内的图像，如图 9-7 所示。

第8步 新建"亮度／对比度 1"调整图层，展开【属性】面板，设置参数，如图9-8所示。

图9-7

图9-8

Photoshop CC 图像编辑/调色/人像/抠图/修图/特效/合成（微课版）

第9步 新建"色彩平衡1"调整图层，展开【属性】面板，设置参数，如图9-9所示。

图9-9

第10步 选择【阴影】选项，设置参数，如图9-10所示。

图9-10

第11步 新建"色相/饱和度1"调整图层，展开【属性】面板，设置参数，如图9-11所示。

图9-11

第12步 得到的图像效果如图9-12所示。

图9-12

9.1.2 制作山水梦幻效果

下面介绍使用【高斯模糊】、【彩色半调】等命令制作山水梦幻效果的操作方法。

配套素材路径：配套素材\第9章

素材文件名称：02.jpg、山水梦幻效果.jpg

操作步骤 >> Step by Step

第1步 打开名为02的图像素材，在【图层】面板中选择"背景"图层，按Ctrl+J组合键得到"图层1"图层，设置"图层1"的【混合模式】为【滤色】，如图9-13所示。

第2步 执行【滤镜】→【模糊】→【高斯模糊】命令，弹出【高斯模糊】对话框，*1.* 设置参数，*2.* 单击【确定】按钮，如图9-14所示。

图9-13

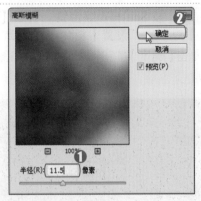

图9-14

第3步 按 Ctrl+U 组合键，弹出【色相/饱和度】对话框，**1.** 设置参数，**2.** 单击【确定】按钮，如图 9-15 所示。

第4步 在【图层】面板中设置"图层1"的【不透明度】为 90%，得到的效果如图 9-16 所示。

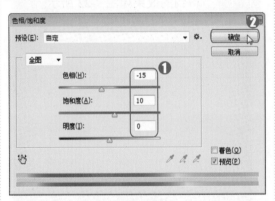

图9-15

图9-16

第5步 选择"图层1"图层，按 Ctrl+J 组合键得到"图层1拷贝"图层，在【通道】面板中单击【创建新通道】按钮，创建 **Alpha1** 通道，如图 9-17 所示。

第6步 使用【矩形选框工具】在图像中创建一个选区，如图 9-18 所示。

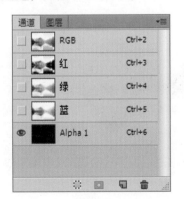

图9-17

图9-18

Photoshop CC 图像编辑/调色/人像/抠图/修图/特效/合成（微课版）

第7步 按 Shift+F6 组合键，弹出【羽化选区】对话框，设置【羽化半径】为 30 像素，单击【确定】按钮，得到的效果如图 9-19 所示。

图9-19

第9步 执行【滤镜】→【像素化】→【彩色半调】命令，弹出【彩色半调】对话框，**1.**设置参数，**2.**单击【确定】按钮，如图 9-21 所示。

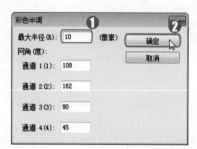

图9-21

第11步 取消选区，按住 Ctrl 键的同时，双击 Alpha1 通道的缩览图，弹出【通道选项】对话框，**1.**选中【专色】单选按钮，**2.**单击【确定】按钮，如图 9-23 所示。

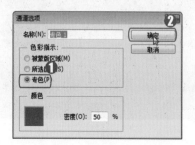

图9-23

第8步 设置前景色为白色，按 Alt+Delete 组合键填充颜色，效果如图 9-20 所示。

图9-20

第10步 得到的效果如图 9-22 所示。

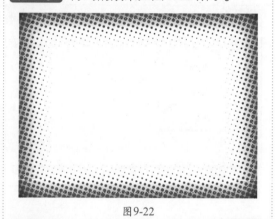

图9-22

第12步 单击 RGB 通道，在【图层】面板中选择"图层 1"图层，效果如图 9-24 所示。

图9-24

第13步 设置前景色为蓝色（RGB 为 183、205、255），按 Shift+F6 组合键，弹出【羽化选区】对话框，**1.** 设置【羽化半径】为 1 像素，**2.** 单击【确定】按钮，如图 9-25 所示。

图 9-25

第14步 选择"图层 1 拷贝"图层，按 Alt+Delete 组合键填充前景色，取消选区，即可完成制作山水梦幻效果的操作，如图 9-26 所示。

图 9-26

9.1.3　制作雨后彩虹效果

下面介绍使用蒙版制作雨后彩虹效果的操作方法。

| 配套素材路径：配套素材 \ 第 9 章 |
| 素材文件名称：03.jpg、04.jpg、雨后彩虹效果 .jpg |

操作步骤 >> Step by Step

第1步 打开名为 03、04 的图像素材，切换至 03 素材中，单击【魔棒工具】按钮，在工具属性栏中单击【添加到选区】按钮，选中【消除锯齿】和【连续】复选框，设置【取样大小】为【取样点】，设置【容差】为 50，在图像上单击鼠标，建立选区，如图 9-27 所示。

图 9-27

第2步 在【通道】面板中单击【创建新通道】按钮，新建 Alpha1 通道，为选区填充白色，并取消选区，如图 9-28 所示。

图 9-28

第3步 返回 RGB 通道，使用【移动工具】将 04 素材拖入 03 素材中，按 Ctrl+T 组合键，调整图像的大小和位置，如图 9-29 所示。

图 9-29

第5步 在【图层】面板中单击【添加图层蒙版】按钮 ，即可添加图层蒙版，如图 9-31 所示。

图 9-31

第7步 按 Shift+F6 组合键，弹出【羽化选区】对话框，设置【羽化半径】为 10 像素，单击【确定】按钮，得到的效果如图 9-33 所示。

图 9-33

第4步 在【通道】面板中，按住 Ctrl 键的同时单击 Alpha1 通道缩览图，载入选区，如图 9-30 所示。

图 9-30

第6步 新建图层，使用【矩形选框工具】在图像中创建选区，如图 9-32 所示。

图 9-32

第8步 选择【渐变工具】，单击工具属性栏中的【点按可编辑渐变】按钮，弹出【渐变编辑器】对话框，*1.* 单击【预设】选项中的【色谱】色块，*2.* 单击【确定】按钮，如图 9-34 所示。

图 9-34

第9步 将鼠标指针移至选区上方，单击并拖曳鼠标，由上至下填充线性渐变，并取消选区，如图 9-35 所示。

图9-35

第10步 执行【滤镜】→【扭曲】→【极坐标】命令，弹出【极坐标】对话框，保持默认设置，单击【确定】按钮，如图 9-36 所示。

图9-36

第11步 执行【编辑】→【变换】→【垂直翻转】命令，翻转图像，如图 9-37 所示。

图9-37

第12步 使用【矩形选框工具】在图像上创建选区，如图 9-38 所示。

图9-38

第13步 执行【选择】→【修改】→【羽化】命令，弹出【羽化选区】对话框，设置【羽化半径】为 5 像素，单击【确定】按钮，效果如图 9-39 所示。

图9-39

第14步 按 Delete 键，删除选区内的图像，取消选区并移动至合适位置，如图 9-40 所示。

图9-40

Photoshop CC 图像编辑/调色/人像/抠图/修图/特效/合成（微课版）

第15步 按 Ctrl+T 组合键，适当调整图像的大小、位置、方向，按 Enter 键确认变换，如图 9-41 所示。

图9-41

第17步 设置 "图层 2" 图层的【混合模式】为【正片叠底】，【不透明度】为 30%，如图 9-43 所示。

图9-43

第16步 在【图层】面板中单击【添加图层蒙版】按钮 ⬚，使用【画笔工具】涂抹图像进行隐藏，如图 9-42 所示。

图9-42

第18步 通过以上步骤即可完成制作雨后彩虹效果的操作，如图 9-44 所示。

图9-44

Section 9.2 人像画面合成

在 Photoshop 的应用中，处理人像照片是经常用到的操作，对于图像的创意合成，是基本照片处理的升级。完美、独特以及个性夸张的创意作品通常会给人一种强烈的视觉冲击感，更加容易吸引观众的眼球。

9.2.1　阳光美女照片合成

本案例通过图层蒙版与画笔工具的综合运用，以抠出人物图像，同时通过画笔工具、各素材的置入以及色阶的调整完成整个照片的合成效果。

配套素材路径：配套素材\第9章
素材文件名称：05.jpg、06.jpg、07.psd、08.psd、阳光美女.jpg

操作步骤 >> Step by Step

第1步 打开名为 05、06 的图像素材，将 06 素材拖入 05 素材中，并适当调整大小和位置，如图 9-45 所示。

图9-45

第2步 按 Ctrl+T 组合键，右击，在弹出的快捷菜单中选择【水平翻转】菜单项，按 Enter 键确认翻转，并移至合适位置，如图 9-46 所示。

图9-46

第3步 选择"图层 1"图层，单击【添加图层蒙版】按钮 ，运用黑色画笔工具在图像的适当位置进行涂抹，隐藏图像的背景区域，如图 9-47 所示。

图9-47

第4步 新建图层，设置前景色为白色，选择【画笔工具】，展开【画笔】面板，设置画笔参数，如图 9-48 所示。

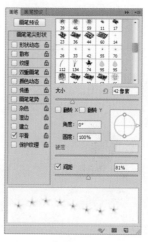

图9-48

Photoshop CC 图像编辑/调色/人像/抠图/修图/特效/合成（微课版）

第5步 选择【形状动态】选项，设置参数，如图 9-49 所示。

图9-49

第7步 移动鼠标指针至图像编辑窗口中并绘制图像，如图 9-51 所示。

图9-51

第9步 按 Ctrl+J 组合键，复制"花"图层，得到"花 拷贝"图层，执行【编辑】→【变换】→【水平翻转】命令，并移动拷贝图像至合适位置，如图 9-53 所示。

图9-53

第6步 选择【形状动态】选项，设置参数，如图 9-50 所示。

图9-50

第8步 打开名为 07、08 的素材文件，将 07 拖入 05 素材中，如图 9-52 所示。

图9-52

第10步 将 08 素材拖入 05 素材中，适当调整，如图 9-54 所示。

图9-54

第11步 连续按两次 Ctrl+J 组合键，复制两次"音符"图层，适当调整，如图 9-55 所示。

图 9-55

第13步 通过以上步骤即可完成制作美女阳光照片的操作，如图 9-57 所示。

图 9-57

第12步 新建"色阶 1"调整图层，设置相应参数，如图 9-56 所示。

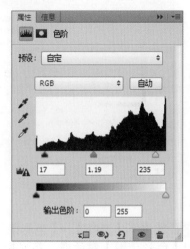

图 9-56

9.2.2　炫彩照片合成　　微课堂

本案例综合利用通道和色彩范围抠图人像，并结合滤镜、图层混合模式适当调整图像，最后通过钢笔工具、画笔工具巧妙地制作炫彩效果。

| 配套素材路径：配套素材 \ 第 9 章 |
| 素材文件名称：09.jpg、10.jpg、11.psd、炫彩照片 .jpg |

操作步骤 >> Step by Step

第1步 打开名为 09 的图像素材，复制"背景"图层，重命名为"图层 1"图层，在【通道】面板中选择"蓝"通道，按 Ctrl+M 组合键，弹出【曲线】对话框，设置相应参数，如图 9-58 所示。

第2步 设置前景色为黑色，使用【画笔工具】和【加深工具】，在图像适当位置进行涂抹，如图 9-59 所示。

Photoshop CC 图像编辑/调色/人像/抠图/修图/特效/合成（微课版）

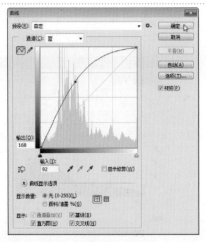

图9-58

第3步 执行【选择】→【色彩范围】命令，弹出【色彩范围】对话框，将光标移至人物位置，吸取黑色区域，如图9-60所示。

图9-60

第5步 创建选区，隐藏"图层1"图层，并选择"背景"图层，如图9-62所示。

图9-62

图9-59

第4步 单击【确定】按钮，如图9-61所示。

图9-61

第6步 按 Ctrl+J 组合键，复制图层并隐藏"背景"图层，如图9-63所示。

图9-63

第7步　按 Ctrl+J 组合键 3 次，复制"图层 2"图层 3 份，选择"图层 2"图层，执行【滤镜】→【模糊】→【高斯模糊】命令，弹出【高斯模糊】对话框，**1.** 设置参数，**2.** 单击【确定】按钮，如图 9-64 所示。

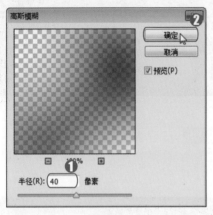

图9-64

第9步　选择"图层 2 拷贝"图层，执行【滤镜】→【模糊】→【径向模糊】命令，弹出【径向模糊】对话框，**1.** 设置参数，**2.** 单击【确定】按钮，如图 9-66 所示。

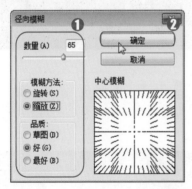

图9-66

第11步　选择"图层 2 拷贝 3"图层，执行【图像】→【调整】→【去色】命令，并设置图层的【混合模式】为【叠加】，【不透明度】为 60%，效果如图 9-68 所示。

第8步　在【图层】面板中设置"图层 2"图层的【混合模式】为【颜色减淡】，效果如图 9-65 所示。

图9-65

第10步　在【图层】面板中设置"图层 2 拷贝"图层的【混合模式】为【颜色减淡】，使用【移动工具】拖曳图像至合适位置，隐藏图像左侧多出的部分，效果如图 9-67 所示。

图9-67

第12步　打开名为 10 的图像素材，按 Ctrl+A 组合键，全选图像，使用【移动工具】将其拖入 09 素材中，并调整大小，如图 9-69 所示。

图9-68

图9-69

第13步 执 行【编辑】→【变换】→【水平翻转】命令，将图像翻转，并将其调整至"图层2"图层的下方，如图 9-70 所示。

第14步 打开名为 11 的图像素材，将该素材拖入 09 素材中，适当调整其位置，如图 9-71 所示。

图9-70

图9-71

第15步 按 Ctrl+G 组合键，编组图层，并设置"组1"图层的【混合模式】为【滤色】，如图 9-72 所示。

第16步 新建"图层8"图层，使用【钢笔工具】创建两条不闭合的路径，如图 9-73 所示。

图9-72

图9-73

第17步 选取【画笔工具】，展开【画笔】面板，设置参数，如图9-74所示。

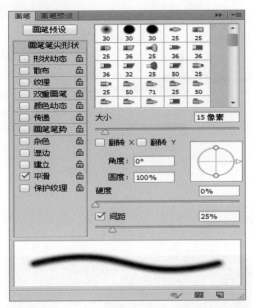

图9-74

第19步 设置前景色为白色，选择【钢笔工具】，在图像上右击，在弹出的快捷菜单中选择【描边路径】菜单项，弹出【描边路径】对话框，*1.* 设置参数，*2.* 单击【确定】按钮，如图9-76所示。

图9-76

第21步 选取【画笔工具】，展开【画笔】面板，取消选中【散步】复选框，并设置【形状动态】的【大小抖动】为0。新建"图层9"图层，用同样的方法为路径添加描边效果，如图9-78所示。

第18步 选中【形状动态】选项，设置【大小抖动】为100%；选择【散步】选项，设置【散步】为600%，如图9-75所示。

图9-75

第20步 即可对路径进行描边，如图9-77所示。

图9-77

第22步 新建"色阶1"调整图层，打开【属性】面板，设置参数，如图9-79所示。

图9-78

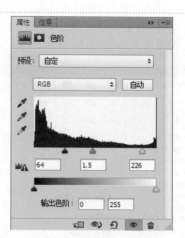

图9-79

第23步 新建"色相/饱和度1"调整图层，设置参数，如图9-80所示。

第24步 通过以上步骤即可完成制作炫彩照片合成的操作，如图9-81所示。

图9-80

图9-81

9.2.3 制作海边合照 微课堂

本案例主要介绍通过图层蒙版、亮度/对比度、色彩平衡等功能的综合运用，抠取人物图像并适当调整其色彩和色调的操作方法。

| 配套素材路径：配套素材 \ 第9章 |
| 素材文件名称：12.jpg、13.jpg、14.jpg、海边合照.jpg |

操作步骤 >> Step by Step

第1步 打开名为12、13的图像素材，将素材13拖入12素材中，并适当调整大小和位置，如图9-82所示。

第2步 选择"图层1"图层，单击【添加图层蒙版】按钮 ，使用黑色画笔工具在图像上进行涂抹，如图9-83所示。

图9-82

图9-83

第3步 打开 14 图像素材，将其拖入 12 素材中，适当调整大小和位置，如图 9-84 所示。

图9-84

第5步 使用黑色画笔工具在图像上进行涂抹，如图 9-86 所示。

图9-86

第4步 将"图层 2"图层移至"图层 1"图层的下方，调整图层顺序，单击【添加图层蒙版】按钮 ◙，添加图层蒙版，如图 9-85 所示。

图9-85

第6步 新建"亮度 / 对比度 1"调整图层，设置相应参数，如图 9-87 所示。

图9-87

第7步 新建"色彩平衡1"调整图层，设置相应参数，如图9-88所示。

图9-88

第9步 选择"色彩平衡1"调整图层，运用画笔工具在人物以外的图像上进行涂抹，隐藏部分色彩，如图9-90所示。

图9-90

第11步 选择"色彩平衡2"调整图层，运用画笔工具在人物和云层上进行涂抹。通过以上步骤即可完成制作海边合照的操作，如图9-92所示。

第8步 选择"色彩平衡1"调整图层，运用画笔工具在图像脸部进行涂抹，隐藏部分色彩，效果如图9-89所示。

图9-89

第10步 新建"色彩平衡2"调整图层，设置相应参数，如图9-91所示。

图9-91

图9-92

卡片创意合成

　　随着时代的发展，各类卡片广泛应用于商务活动中，它们在推销各类产品的同时还起着展示、宣传企业信息的作用。运用 Photoshop 可以方便快捷地设计出各类卡片，本章通过几个案例，详细讲解各类卡片的制作方法。

 微课堂

9.3.1　制作名片

下面介绍使用图层样式命令、文字工具等制作名片的方法。

配套素材路径：配套素材 \ 第 9 章
素材文件名称：15.jpg、16.psd、17.psd、18.psd、19.jpg、20.psd、名片 .jpg

操作步骤　>> Step by Step

第1步 打开名为 15 的图像素材，双击"背景"图层，弹出【新建图层】对话框，单击【确定】按钮，得到"图层 0"图层，如图 9-93 所示。

第2步 执行【图层】→【图层样式】→【渐变叠加】命令，弹出【图层样式】对话框，**1.** 设置参数，**2.** 单击【确定】按钮，如图 9-94 所示。

图 9-93

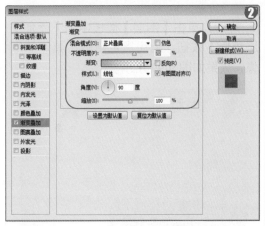

图 9-94

第3步 执行【文件】→【置入】命令，弹出【置入】对话框，选择 16 素材文件，单击【确定】按钮，将其拖到窗口中的适当位置，如图 9-95 所示。

第4步 使用同样的方法，置入 17 图像文件，拖到窗口中的适当位置，如图 9-96 所示。

Photoshop CC 图像编辑/调色/人像/抠图/修图/特效/合成（微课版）

图9-95

图9-96

第5步 使用同样方法，置入 18 图像文件，拖到窗口中的适当位置，执行【图层】→【图层样式】→【颜色叠加】命令，弹出【图层样式】对话框，**1.** 设置参数（RGB 为 235、130、45），**2.** 单击【确定】按钮，如图 9-97 所示。

第6步 使用同样方法，置入 19 图像文件，执行【图层】→【栅格化】→【智能对象】命令，效果如图 9-98 所示。

图9-97

图9-98

第7步 单击【图层】面板中的【添加图层蒙版】按钮，运用黑色画笔工具涂抹图像，效果如图 9-99 所示。

第8步 置入 20 图像文件，拖到窗口中的适当位置，如图 9-100 所示。

图9-99

图9-100

第 9 步 使用【横排文字工具】输入文字，展开【字符】面板，设置参数，如图 9-101 所示。

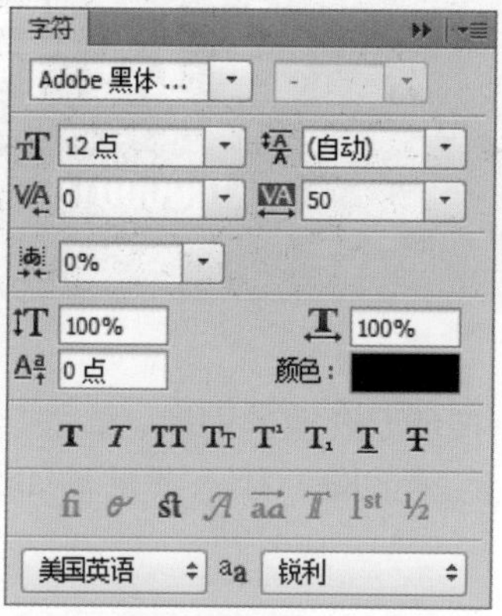

图9-101

第 10 步 使用【移动工具】调整文字位置，如图 9-102 所示。

图9-102

第 11 步 输入其他文字。通过以上步骤即可完成制作名片的操作，如图 9-103 所示。

图9-103

9.3.2 制作会员卡

微课堂

会员卡是指普通身份识别卡，作用是商场、宾馆、健身中心等消费场所的会员认证，其用途非常广泛，凡涉及需要识别身份的地方，都可应用到会员卡。

配套素材路径：配套素材 \ 第 9 章
素材文件名称：21.psd、22.jpg、会员卡 .psd

操作步骤 >> Step by Step

第 1 步 执行【文件】→【新建】命令，弹出【新建】对话框，***1.*** 设置参数，***2.*** 单击【确定】按钮，如图 9-104 所示。

第 2 步 设置前景色为黑色，新建“图层 1”图层，填充前景色，打开名为 21 的文件，将其拖入“会员卡”文件中，并调整位置，如图 9-105 所示。

Photoshop CC 图像编辑/调色/人像/抠图/修图/特效/合成（微课版）

图9-104

第3步 新建"图层2"图层，设置前景色为黄色（RGB为255、216、0），背景色为褐色（RGB为160、70、13），执行【滤镜】→【渲染】→【云彩】命令，效果如图9-106所示。

图9-106

第5步 选择"图层2"图层，按Ctrl+J组合键复制图层得到"图层3"图层，使用同样方法，选择其他文字图层，复制其他文字图层，并隐藏"图层2"图层，效果如图9-108所示。

图9-108

图9-105

第4步 按住Ctrl键的同时，单击"会员卡"文字图层的缩览图，载入选区，如图9-107所示。

图9-107

第6步 按住Ctrl键的同时，单击"图层3"图层的缩览图，载入选区，按Ctrl+T组合键，调出变换控制框，在工具属性栏中设置W和H均为101%，按Enter键确认变换，效果如图9-109所示。

图9-109

第7步 按 Ctrl+Alt+Shift+T 组合键，变换复制图像以及创建立体面，并取消选区，效果如图 9-110 所示。

图 9-110

第9步 选择【内发光】选项，设置【混合模式】为【正常】，设置【发光颜色】为浅黄色（RGB 为 255、255、190），设置【大小】为 6 像素，如图 9-112 所示。

图 9-112

第11步 选择【图案叠加】选项，1. 设置【混合模式】为【叠加】，【不透明度】为 70%，【图案】为【碎石】，【缩放】为 41%，2. 单击【确定】按钮，如图 9-114 所示。

第8步 选择"图层 3"图层，按 Ctrl+J 组合键复制图层得到"图层 3 拷贝"图层，双击该图层，弹出【图层样式】对话框，选择【外发光】选项，设置【发光颜色】为浅黄色（RGB 为 255、255、190），设置【扩展】为 5%，【大小】为 3 像素，选择【等高线】为【锥形】选项，如图 9-111 所示。

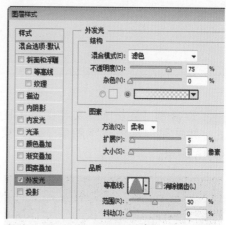

图 9-111

第10步 选择【斜面和浮雕】选项，设置参数，如图 9-113 所示。

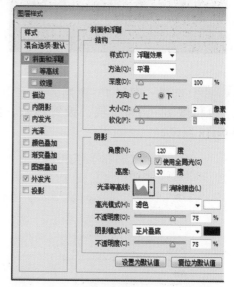

图 9-113

第12步 "会员卡"文字图层已经添加了图层样式，如图 9-115 所示。

Photoshop CC 图像编辑/调色/人像/抠图/修图/特效/合成（微课版）

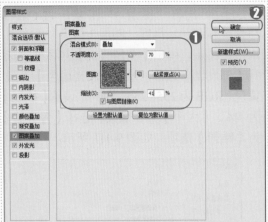

图9-114

第13步 复制"会员卡"文字图层的图层样式，并粘贴到其他文字图层上，效果如图9-116所示。

图9-116

第15步 选择"图层7"图层，新建"色相/饱和度1"调整图层，设置参数，如图9-118所示。

图9-118

图9-115

第14步 打开名为22的图像素材，将素材拖入"会员卡"文件中，适当调整图像的位置和大小，如图9-117所示。

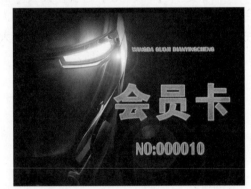

图9-117

第16步 新建"色彩平衡1"调整图层，设置参数，如图9-119所示。

图9-119

第17步 新建"色阶1"调整图层，设置参数，如图 9-120 所示。

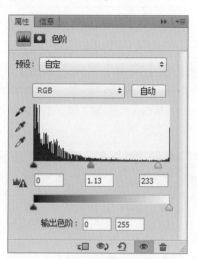

图9-120

第18步 新建"曲线1"调整图层，设置参数，如图 9-121 所示。

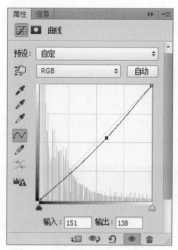

图9-121

第19步 单击【圆角矩形工具】按钮，在工具属性栏中的【选择工具模式】列表中选择【路径】选项，绘制一个半径为 40 的圆角矩形路径，如图 9-122 所示。

图9-122

第20步 按 Ctrl+Enter 组合键，将路径转换为选区，按 Ctrl+Shift+I 组合键，反选选区，依次选择"图层 1"和"图层 7"图层，按 Delete 键删除选区内的图像，效果如图 9-123 所示。

图9-123

9.3.3 制作游戏卡

当今电子平台游戏大部分是由玩家扮演游戏中的一个或数个角色，赋予游戏完整的故事情节，从而吸引玩家对游戏的热爱与着迷，因此一系列的游戏储值卡也随之诞生。

Photoshop CC 图像编辑/调色/人像/抠图/修图/特效/合成（微课版）

| 配套素材路径：配套素材\第9章 |
| 素材文件名称：23.jpg、24.psd、25.psd、26.psd、游戏卡.psd |

操作步骤 >> Step by Step

第1步 打开名为 23 的图像素材，单击【圆角矩形工具】按钮，在工具属性栏中的【选择工具模式】列表中选择【路径】选项，绘制一个半径为 40 的圆角矩形路径，如图 9-124 所示。

图9-124

第3步 执行【选择】→【反向】命令，反选选区，按 Delete 键，删除选区内的图像，按 Ctrl+D 组合键取消选区，效果如图 9-126 所示。

图9-126

第5步 在【图层】面板中单击【添加图层蒙版】按钮，为"图层 1"图层添加蒙版，选取【渐变工具】，在工具属性栏中单击【堆成渐变】按钮，选中【反向】复选框，设置【预设】为【前景色到背景色渐变】，为图像添加渐变，效果如图 9-128 所示。

第2步 在【路径】面板中单击【将路径作为选区载入】按钮，双击"背景"图层，弹出【新建图层】对话框，单击【确定】按钮，效果如图 9-125 所示。

图9-125

第4步 打开名为 24 的图像素材，将该素材拖入 23 素材中，在"图层 1"图层上右击，在弹出的快捷菜单中选择【栅格化图层】菜单项，并调整图像位置与大小，如图 9-127 所示。

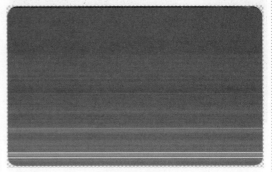

图9-127

第6步 新建"色彩平衡 1"调整图层，展开【属性】面板，设置参数，如图 9-129 所示。

图9-128

图9-129

第7步 打开名为 25 的图像素材，并将其拖入 23 素材中，效果如图 9-130 所示。

图9-130

第8步 双击"图层 2"图层，弹出【图层样式】对话框，选择【描边】选项，设置【大小】为 10 像素，【颜色】为白色，【不透明度】为 100%，效果如图 9-131 所示。

图9-131

第9步 打开名为 26 的图像素材，并将其拖入 23 素材中，使用相同方法制作该素材，效果如图 9-132 所示。

图9-132

第10步 按 Ctrl+J 组合键复制刚刚插入的两个游戏角色素材，去除白边，按 Ctrl+T 组合键调出变换框，调整图像大小，设置两个复制图层的【不透明度】为 30%，并将复制图层移至原图层下方，效果如图 9-133 所示。

图9-133

Photoshop CC 图像编辑/调色/人像/抠图/修图/特效/合成（微课版）

第11步 选取【横排文字工具】，在图像上输入文字，在属性栏中设置【字体】为【华文琥珀】，"100元"的【字号】为9.58点，【颜色】为红色（CMYK为11、99、100、0），其余文字【字号】为7.45点，【颜色】为黄色（CMYK为7、23、89、0），如图9-134所示。

图9-134

第13步 选取【横排文字工具】，在图像上输入"奇迹世界"，在属性栏中设置【字体】为【宋体】，【字号】为27.5点，【颜色】为黄色（CMYK为7、24、89、0），效果如图9-136所示。

图9-136

第15步 得到的效果如图9-138所示。

第12步 双击"100元"文字图层，弹出【图层样式】对话框，选择【描边】选项，设置【大小】为2像素，【位置】为外部，【颜色】为白色；选择【外发光】选项，设置【混合模式】为【滤色】，【不透明度】为30%，【颜色】为黄色（CMYK为12、7、36、0），【大小】为22，单击【确定】按钮。复制该图层样式粘贴到"3000点"文字图层，效果如图9-135所示。

图9-135

第14步 在属性栏中单击【变形文字】按钮，弹出【变形文字】对话框，*1.* 设置参数，*2.* 单击【确定】按钮，如图9-137所示。

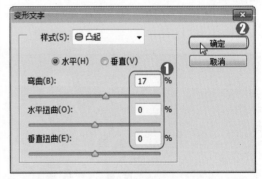

图9-137

第16步 双击"奇迹世界"文字图层，弹出【图层样式】对话框，*1.* 选择【斜面和浮雕】选项，*2.* 设置参数，如图9-139所示。

图9-138

第17步 选择【等高线】选项，设置参数，如图9-140所示。

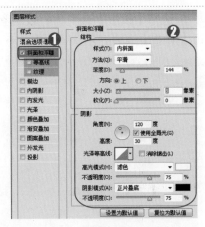

图9-139

第18步 选择【描边】选项，设置参数，如图9-141所示。

图9-140

图9-141

第19步 选择【内发光】选项，设置参数，如图9-142所示。

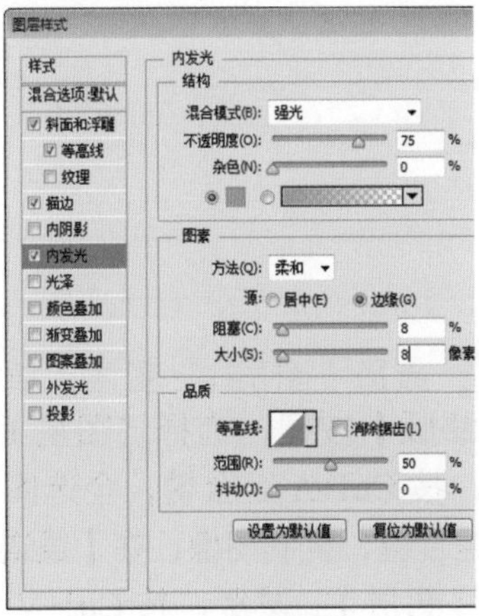

第20步 选择【渐变叠加】选项，设置参数，如图9-143所示。

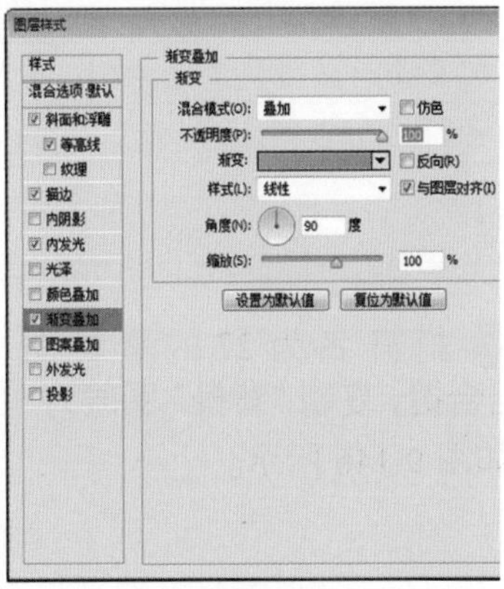

图9-142

图9-143

第21步 选择【投影】选项，**1.** 设置参数，**2.** 单击【确定】按钮，如图 9-144 所示。

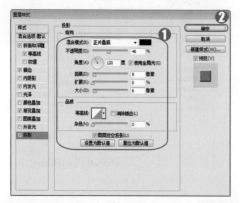

图9-144

第22步 通过以上步骤即可完成制作游戏卡的操作，如图 9-145 所示。

图9-145

Section 9.4 专题课堂——婚纱照片合成

随着数码相机的普及以及婚纱摄影的盛行，影楼婚纱照片设计已逐渐形成一个产业，随之对修图工作人员和设计师的要求也越来越高。本节主要从婚纱照片的合成处理方面介绍几种常用的婚纱照片处理方法。

9.4.1 玫瑰特效照片处理

本案例通过图层蒙版与路径的综合运用，以抠取透明婚纱照片，并对抠取的图像进行调整、合成特效处理。

配套素材路径：配套素材 \ 第 9 章
素材文件名称：27.jpg、28.jpg、玫瑰照片 .jpg

操作步骤 >> Step by Step

第1步 打开名为 27 的素材图像，按 Ctrl+J 组合键，复制"背景"图层为"图层 1"图层，如图 9-146 所示。

第2步 选择"图层 1"图层，单击【添加图层蒙版】按钮，选择"图层 1"图层缩览图，按 Ctrl+A 组合键，全选图像，按 Ctrl+C 组合键，复制图像，在【通道】面板中选择"图层 1"蒙版，按 Ctrl+V 组合键粘贴图像，如图 9-147 所示。

图9-146

图9-147

第3步 图像已经粘贴至蒙版，按 Ctrl+D 组合键取消选区，如图 9-148 所示。

图9-148

第4步 选择【自由钢笔工具】，在属性栏中选中【磁性的】复选框，在人物边缘创建路径，如图 9-149 所示。

图9-149

第5步 按 Ctrl+Enter 组合键，将路径转换为选区，按 Ctrl+Shift+I 组合键，反选选区，并填充黑色，如图 9-150 所示。

图9-150

第6步 设置前景色为白色，按 Ctrl+Shift+I 组合键，反选选区，选取【画笔工具】，在人物身体部分适当涂抹，并取消选区，如图 9-151 所示。

图9-151

第7步 退出图层蒙版模式，隐藏“背景”图层，取消选区，如图 9-152 所示。

图9-152

第8步 打开名为 28 的素材图像，将其拖入 27 素材中，适当调整大小和位置，并将其移至“图层 1”图层下方，效果如图 9-153 所示。

图9-153

第9步 双击“图层 1”图层，弹出【图层样式】对话框，**1.** 选择【内发光】选项，**2.** 设置参数，**3.** 单击【确定】按钮，如图 9-154 所示。

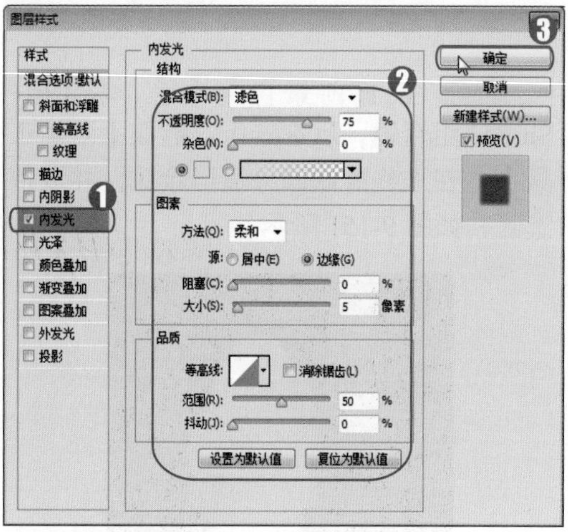

图9-154

第10步 得到的效果如图 9-155 所示。

图9-155

第11步 新建图层，选取【画笔工具】，在【画笔】面板中设置参数，如图 9-156 所示。

第12步 选择【形状动态】选项，设置【大小抖动】为 100%；选择【散布】选项，设置参数，如图 9-157 所示。

| 画笔 | 画笔预设 | | ▶▶ ▼≣ |

画笔预设

画笔笔尖形状

✔	形状动态	🔒
☐	散布	🔒
☐	纹理	🔒
☐	双重画笔	🔒
☐	颜色动态	🔒
☐	传递	🔒
☐	画笔笔势	🔒
☐	杂色	🔒
☐	湿边	🔒
☐	建立	🔒
✔	平滑	🔒
☐	保护纹理	🔒

大小   30 像素

☐ 翻转 X ☐ 翻转 Y

角度: 0°

圆度: 100%

硬度   0%

✔ 间距   200%

图9-156

画笔 画笔预设   ▶▶ ▼≣

画笔预设

画笔笔尖形状

✔	形状动态	🔒
✔	散布	🔒
☐	纹理	🔒
☐	双重画笔	🔒
☐	颜色动态	🔒
☐	传递	🔒
☐	画笔笔势	🔒
☐	杂色	🔒
☐	湿边	🔒
☐	建立	🔒
✔	平滑	🔒
☐	保护纹理	🔒

散布   ✔ 两轴   800%

控制: 关

数量   1

数量抖动   0%

控制: 关

图9-157

第13步 设置前景色为白色,在图像窗口中绘制圆点,如图 9-158 所示。

第14步 新建"色彩平衡 1"调整图层,设置参数,如图 9-159 所示。

图9-158

属性   ▶▶ ▼≣

色彩平衡

色调: 中间调

青色   红色   28

洋红   绿色   -14

黄色   蓝色   26

✔ 保留明度

图9-159

第15步 双击"图层3"图层，弹出【图层样式】对话框，1.选择【外发光】选项，2.设置参数，3.单击【确定】按钮，如图9-160所示。

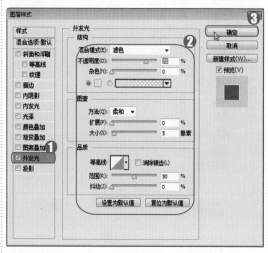

图9-160

第16步 通过以上步骤即可完成制作玫瑰照片特效的操作，如图9-161所示。

图9-161

9.4.2 爱情见证照片处理

本节主要通过调整图层的巧妙运用，使用渐变工具和图层蒙版制作背景，使用图层蒙版抠取图像进行调整，合成特效照片。

配套素材路径：配套素材 \ 第9章

素材文件名称：29.jpg、30.psd、31.jpg、32.psd、33.psd、爱情见证.jpg

操作步骤 >> Step by Step

第1步 打开名为29的素材图像，按Ctrl+J组合键，复制"背景"图层为"图层1"图层，如图9-162所示。

第2步 执行【图像】→【调整】→【亮度/对比度】命令，弹出【亮度/对比度】对话框，1.设置参数，2.单击【确定】按钮，如图9-163所示。

图9-162

第3步 执行【图像】→【调整】→【自然饱和度】命令,弹出【自然饱和度】对话框,*1.* 设置参数,*2.* 单击【确定】按钮,如图9-164所示。

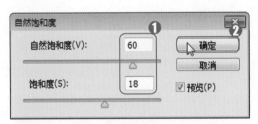

图9-164

第5步 执行【文件】→【新建】命令,弹出【新建】对话框,*1.* 设置参数,*2.* 单击【确定】按钮,如图9-166所示。

图9-166

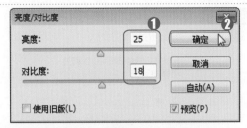

图9-163

第4步 图像效果如图9-165所示。

图9-165

第6步 新建"图层1"图层,选取【渐变工具】,为图层填充淡黄色（RGB为252、247、191）到浅绿色（RGB为199、224、108）到绿色（RGB为55、127、23）的径向渐变,如图9-167所示。

图9-167

Photoshop CC 图像编辑/调色/人像/抠图/修图/特效/合成（微课版）

第7步 新建"色相/饱和度1"调整图层，设置参数，如图9-168所示。

图9-168

第9步 选择"图层2"图层，单击【图层】面板中的【添加图层蒙版】按钮，选取【渐变工具】，为蒙版添加白色到黑色的径向渐变，如图9-170所示。

图9-170

第11步 打开名为31的素材图像，将其拖入"爱情见证"图像中，如图9-172所示。

图9-172

第8步 打开名为30的素材图像，将其拖入"爱情见证"素材中，如图9-169所示。

图9-169

第10步 设置"图层2"的【混合模式】为【叠加】，【不透明度】为50%，效果如图9-171所示。

图9-171

第12步 设置"图层3"图层的【混合模式】为【线性加深】，效果如图9-173所示。

图9-173

260

第13步 选取【画笔工具】，在【画笔】面板中设置参数，如图 9-174 所示。

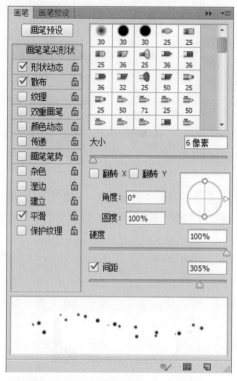

图9-174

第15步 新建图层，设置前景色为白色，在图像上绘制圆点，如图 9-176 所示。

图9-176

第17步 将 29 素材拖入 "爱情见证" 图像中，适当调整位置，如图 9-178 所示。

第14步 选择【形状动态】选项，设置【大小抖动】为 100%；选择【散布】选项，设置参数，如图 9-175 所示。

图9-175

第16步 打开名为 32 的图像素材，将其拖入 "爱情见证" 图像中，并适当调整位置，如图 9-177 所示。

图9-177

第18步 选择 "图层 5" 图层，单击【添加图层蒙版】按钮，添加图层蒙版，如图9-179 所示。

Photoshop CC 图像编辑/调色/人像/抠图/修图/特效/合成（微课版）

图9-178

图9-179

第19步 设置前景色为黑色，选取【画笔工具】，在图像的适当位置进行涂抹，如图9-180所示。

第20步 新建"色阶1"调整图层，展开【属性】面板，设置参数，如图9-181所示。

图9-180

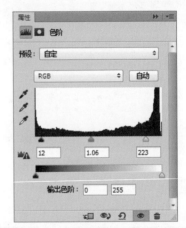

图9-181

第21步 执行【图层】→【创建剪贴蒙版】命令，如图9-182所示。

第22步 即可隐藏部分图像，效果如图9-183所示。

图9-182

图9-183

第23步 打开名为 33 的图像素材，将其拖入"爱情见证"图像中，调整其位置，效果如图 9-184 所示。

图9-184

第25步 得到的效果如图 9-186 所示。

图9-186

第24步 新建"色相 / 饱和度 1"调整图层，展开【属性】面板，设置参数，如图 9-185 所示。

图9-185

第26步 在【图层】面板中选中"色阶 1""图层 5"和"图层 6"图层，将其移至【图层】面板顶部，即可完成制作爱情见证照片的操作，如图 9-187 所示。

图9-187

9.4.3　百年好合照片处理

　　本实例通过介绍置入图像素材、调整图像的整体色调，并配合图层蒙版的使用，制作特殊的图像效果，然后对图像进行合成与修饰处理的操作方法。

| 配套素材路径：配套素材 \ 第 9 章 |
| 素材文件名称：34.jpg、35.psd、36.jpg、37.jpg、38.jpg、百年好合 .jpg |

Photoshop CC 图像编辑/调色/人像/抠图/修图/特效/合成（微课版）

操作步骤 >> Step by Step

第1步 打开名为 34 和 35 的图像素材，将 35 素材拖入 34 素材中，调整位置和大小，如图 9-188 所示。

图9-188

第3步 选取【自定形状工具】，在工具属性栏中设置【选择工具模式】为【路径】，单击【形状】右侧的下拉按钮，在弹出的列表中选择【红心形卡】选项，如图 9-190 所示。

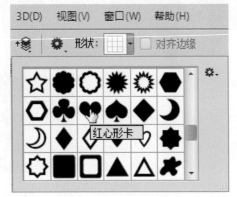

图9-190

第5步 新建图层，选取【画笔工具】，设置【不透明度】为80%，在【画笔】面板中设置参数，如图 9-192 所示。

第2步 设置"图层1"图层的【混合模式】为【颜色减淡】，按住 Alt 键的同时单击鼠标并拖曳图像，即可复制图像，适当调整大小和角度。按照同样方法复制多个图像，如图 9-189 所示。

图9-189

第4步 在图像上绘制心形路径，并调整角度，如图 9-191 所示。

图9-191

第6步 设置前景色为白色，选取【钢笔工具】，在路径上右击，在弹出的快捷菜单中选择【描边路径】菜单项，弹出【描边路径】对话框，**1.** 设置参数，**2.** 单击【确定】按钮，如图 9-193 所示。

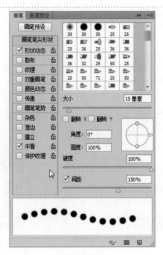

图9-192

第7步 即可完成描边路径的操作，如图 9-194 所示。

图9-194

第9步 打开名为 36 的图像素材，按 Ctrl+A 组合键，全选图像，按 Ctrl+C 组合键，复制图像，如图 9-196 所示。

图9-196

图9-193

第8步 按 Ctrl+T 组合键，缩小路径，在【图层】面板中选择"图层 2"图层，按 Ctrl+Enter 组合键，将路径转换为选区，如图 9-195 所示。

图9-195

第10步 切换至 34 素材中，按 Ctrl+Alt+Shift+V 组合键，贴入图像，缩小图像，旋转角度，如图 9-197 所示。

图9-197

Photoshop CC 图像编辑/调色/人像/抠图/修图/特效/合成（微课版）

第11步 在【路径】面板中，拖曳"工作路径"至【创建新路径】按钮上，得到"路径1"，使用相同方法得到"路径1拷贝"，调整路径大小和位置，按Ctrl+Enter组合键，将路径转换为选区，如图9-198所示。

图9-198

第13步 切换至34素材中，按Ctrl+Alt+Shift+V组合键，贴入图像，缩小图像，旋转角度，如图9-200所示。

图9-200

第15步 选择【横排文字工具】，在图像上单击，确认插入点，调出【字符】面板，设置参数，如图9-202所示。

图9-202

第12步 打开名为37的图像素材，按Ctrl+A组合键，全选图像，按Ctrl+C组合键，复制图像，如图9-199所示。

图9-199

第14步 使用同样方法复制路径，建立选区，并贴入图像素材38，如图9-201所示。

图9-201

第16步 输入文字，调整位置，如图9-203所示。

图9-203

第17步 双击文字图层,弹出【图层样式】对话框,选择【渐变叠加】选项,单击【点按可编辑渐变】按钮,设置渐变颜色为【蓝红黄渐变】,如图 9-204 所示。

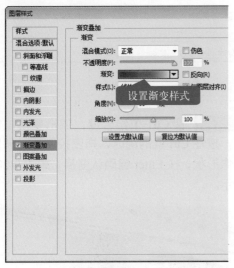

图9-204

第18步 选择【描边】选项,**1.** 设置参数,**2.** 单击【确定】按钮,如图 9-205 所示。

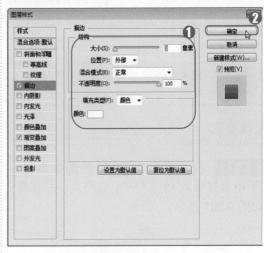

图9-205

第19步 通过以上步骤即可完成制作百年好合照片的操作,如图 9-206 所示。

图9-206

Section
9.5 **实践经验与技巧**

　　在本节的学习过程中,将侧重介绍和讲解与本章知识点有关的实践经验及技巧,主要包括化妆品广告合成、餐厅宣传页制作、汽车海报制作等方面的知识与操作技巧。

Photoshop CC 图像编辑/调色/人像/抠图/修图/特效/合成 （微课版）

9.5.1　化妆品广告合成

本例通过变换工具和图层蒙版的综合运用，以隐藏图像的部分效果，同时利用魔棒工具抠取简单的背景图像，完成效果的合成。

配套素材路径：配套素材 \ 第9章
素材文件名称：39.jpg、40.jpg、41.jpg、化妆品广告.jpg

操作步骤 >> Step by Step

第1步　打开名为 39 和 40 的图像素材，将 40 素材拖入 39 素材中，调整大小和位置，如图 9-207 所示。

图9-207

第3步　选取【渐变工具】，设置由白到黑的线性渐变，在【图层】面板中单击【添加图层蒙版】按钮，创建蒙版，如图 9-209 所示。

图9-209

第2步　按 Ctrl+T 组合键，调出变换控制框，按住 Ctrl 键的同时，拖曳控制柄，调整图像形状，按 Enter 键确认变换，如图 9-208 所示。

图9-208

第4步　在图像上从人脸中间向字母方向添加渐变，如图 9-210 所示。

图9-210

第5步 复制"图层1"图层，得到"图层1拷贝"图层，按 Ctrl+T 组合键，调出变换控制框，右击控制框，选择【水平翻转】菜单项，移动图像至合适位置，按住 Ctrl 键的同时，拖曳控制柄，调整图像，按 Enter 键完成调整，如图 9-211 所示。

图9-211

第7步 按 Delete 键，删除选区内的图像，并取消选区，如图 9-213 所示。

图9-213

第9步 在【图层】面板中单击【添加图层蒙版】按钮，选择【渐变工具】，设置黑白渐变填充颜色，在翻转图像的轴对称中心向下拖曳，添加渐变，设置"图层2拷贝"图层的【不透明度】为 60%，最终效果如图 9-215 所示。

第6步 打开名为 41 的图像素材，将其拖入 39 素材中，选择【魔棒工具】，设置【容差】为 10，在图像上创建选区，如图 9-212 所示。

图9-212

第8步 适当调整大小和位置，复制"图层2"图层，得到"图层2拷贝"图层，执行【编辑】→【变换】→【垂直翻转】命令，垂直翻转图像，并移至合适位置，如图 9-214 所示。

图9-214

图9-215

9.5.2 | 餐厅宣传页制作

本实例使用图层蒙版工具对图像进行适当的涂抹抠图，并通过渐变工具、画笔工具、文字工具等的应用完成整个效果的制作。

配套素材路径：配套素材 \ 第 9 章
素材文件名称：42.jpg、43.jpg、44.jpg、45.jpg、餐厅宣传页 .psd

操作步骤 >> Step by Step

第1步 执行【文件】→【新建】命令，弹出【新建】对话框，**1.** 设置参数，**2.** 单击【确定】按钮，如图 9-216 所示。

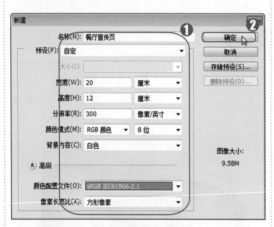

图 9-216

第3步 在编辑窗口上边缘单击鼠标，向下拖曳鼠标指针至下边缘，释放鼠标左键，填充渐变色，如图 9-218 所示。

图 9-218

第2步 选取【渐变工具】，单击属性栏中的【点按可编辑渐变】按钮，弹出【渐变编辑器】对话框，设置填充颜色为暗紫色（RGB 为 55、25、60，位置 0%）到暗紫色（RGB 为 60、37、62，位置 30%）到暗紫色（RGB 为 80、50、83，位置 70%）到暗紫色（RGB 为 54、27、58，位置 100%），如图 9-217 所示。

图 9-217

第4步 执行【视图】→【新建参考线】命令，弹出【新建参考线】对话框，**1.** 设置参数，**2.** 单击【确定】按钮，如图 9-219 所示。

图 9-219

第5步 即可在图像的垂直10厘米处创建一条参考线，如图9-220所示。

图9-220

第7步 单击【图层】面板中的【添加图层蒙版】按钮，运用黑色画笔工具涂抹图像，隐藏部分图像，效果如图9-222所示。

图9-222

第9步 选取【矩形工具】，在图像上适当位置创建矩形选区，如图9-224所示。

图9-224

第6步 打开名为42的图像素材，将其拖入"餐厅宣传页"素材中，调整位置，如图9-221所示。

图9-221

第8步 使用同样方法插入43图像素材，为其添加图层蒙版，适当涂抹图像，效果如图9-223所示。

图9-223

第10步 打开名为44的图像素材，按Ctrl+A组合键全选图像，按Ctrl+C组合键复制图像，切换至"餐厅宣传页"图像，按Ctrl+Alt+Shift+V组合键贴入图像，适当调整大小和位置，如图9-225所示。

图9-225

Photoshop CC 图像编辑/调色/人像/抠图/修图/特效/合成（微课版）

第11步 打开名为 45 的图像素材，使用相同的方法贴入图像素材到"餐厅宣传页"图像中，效果如图 9-226 所示。

图9-226

第13步 选取【横排文字工具】，在【字符】面板中设置参数，输入文字，如图 9-228 所示。

图9-228

第15步 新建"图层 5"图层，选取【画笔工具】，在【画笔】面板中设置【大小】为 3px，【硬度】为 0，【间距】为 175%，设置前景色为白色，按住 Shift 键的同时，在文字附近绘制直线，并复制另外三条直线，如图 9-230 所示。

图9-230

第12步 选取【直排文字工具】，在【字符】面板中设置参数，输入文字，如图 9-227 所示。

图9-227

第14步 使用相同方法，设置相应文字的属性，输入其他文本文字，效果如图 9-229 所示。

图9-229

第16步 新建"图层 6"图层，设置前景色为黑色，使用【矩形选框工具】创建一个选区，使用【渐变工具】在选区内从左到右填充前景色到透明色的线性渐变，效果如图 9-231 所示。

图9-231

第17步 按 Ctrl+D 组合键，取消选区，在【图层】面板中设置【不透明度】为 50%，效果如图 9-232 所示。

图 9-232

第18步 执行【视图】→【显示】→【参考线】命令，隐藏参考线，最终效果如图 9-233 所示。

图 9-233

9.5.3 汽车海报制作

汽车正以飞速发展的形势走进千家万户，想要成功地吸引购买者的注意力，汽车的广告宣传是重要的一环。本例将对汽车广告的创意制作过程进行详细讲解。

配套素材路径：配套素材 \ 第 9 章

素材文件名称：46-50.jpg、51.psd、汽车海报 .psd、汽车海报效果 .psd

操作步骤 >> Step by Step

第1步 执行【文件】→【新建】命令，弹出【新建】对话框，**1.** 设置参数，**2.** 单击【确定】按钮，如图 9-234 所示。

图 9-234

第2步 打开名为 46 的图像素材，按 Ctrl+A 组合键全选图像，按 Ctrl+C 组合键复制图像，切换至"汽车海报"图像，按 Ctrl+V 组合键粘贴图像，适当调整大小和位置，如图 9-235 所示。

图 9-235

第3步 设置前景色为白色，新建图层，选取【钢笔工具】，绘制一个闭合路径，单击【路径】面板中的【用前景色填充路径】按钮，填充路径为白色，如图9-236所示。

图9-236

第5步 双击"图层3"图层，弹出【图层样式】对话框，**1.** 选择【描边】选项，**2.** 设置参数，**3.** 单击【确定】按钮，如图9-238所示。

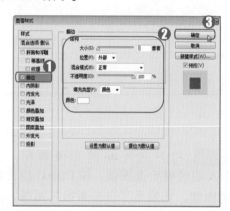

图9-238

第7步 使用相同方法打开48素材，将其拖入"汽车海报"图像中，调整大小，设置图层样式，效果如图9-240所示。

图9-240

第4步 打开名为47的图像素材，将其拖入"汽车海报"文件中，调整大小及位置，如图9-237所示。

图9-237

第6步 "图层3"图层已经添加了描边样式，如图9-239所示。

图9-239

第8步 设置前景色为红色，选取【自定形状工具】，设置【选择工具模式】为【像素】，单击【形状】右侧的下拉按钮，在弹出的列表中选择【雪花3】选项，绘制图案，效果如图9-241所示。

图9-241

第9步 选取【横排文字工具】，设置字体、字号、颜色和位置，输入相应文字，如图9-242所示。

图9-242

第11步 打开名为49和50的图像素材，将50素材拖入49素材中并放置在49素材的上方，调整位置和大小，如图9-244所示。

图9-244

第13步 在图像中间位置单击并向下拖动鼠标指针至草地位置，释放鼠标，效果如图9-246所示。

第10步 双击相应文字图层，弹出【图层样式】对话框，选择【描边】选项，设置【大小】为3、【位置】为外部、【颜色】为白色；选择【外发光】选项，单击【确定】按钮即可为文字添加图层样式，如图9-243所示。

图9-243

第12步 在【图层】面板中单击【添加图层蒙版】按钮，选取【渐变工具】，单击【点按可编辑渐变】按钮，弹出【渐变编辑器】对话框，1. 设置参数，2. 单击【确定】按钮，如图9-245所示。

图9-245

第14步 打开名为51的图像素材，将其拖入49素材中，调整位置、大小以及阴影角度，效果如图9-247所示。

图9-246

图9-247

第15步 切换至"汽车海报"图像中，按 Ctrl+Alt+Shift+E 组合键，盖印图层，得到 "图层 6"图层，按 Ctrl+A 组合键全选图像，按 Ctrl+C 组合键复制图像，切换至 49 图像中，按 Ctrl+V 组合键粘贴图像，使用【自由变换】命令调整图像，效果如图 9-248 所示。

第16步 新建"色相 / 饱和度 1"调整图层，在弹出的【属性】面板中设置【饱和度】为 30，最终效果如图 9-249 所示。

图9-249

图9-248

第10章

综合案例——制作炫彩玻璃球

本章主要内容

本章主要介绍制作矩形条纹背景并着色、制作玻璃球效果和为球体添加阴影与高光并复制方面的知识与技巧。通过本章的学习，读者可以掌握使用 Photoshop CC 制作综合案例方面的知识，为综合运用 Photoshop CC 积累经验。

Photoshop CC 图像编辑/调色/人像/抠图/修图/特效/合成（微课版）

Section 10.1 制作矩形条纹背景并着色

本节主要内容包括执行【文件】→【新建】命令，新建文件；使用前景色填充背景颜色；新建图层；使用渐变工具为新图层着色；改变矩形的颜色等。

配套素材路径：配套素材 \ 第 10 章
素材文件名称：炫彩玻璃球 .psd

操作步骤 >> Step by Step

第1步 执行【文件】→【新建】命令，弹出【新建】对话框，**1.** 设置参数，**2.** 单击【确定】按钮，如图 10-1 所示。

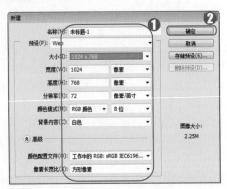

图10-1

第3步 新建图层，将前景色设置为黑色，选取【渐变工具】，在【渐变编辑器】对话框中选择【透明条纹渐变】预设样式，如图 10-3 所示。

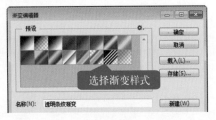

图10-3

第2步 将前景色设置为浅绿色（RGB 为 232、250、208），按 Alt+Delete 组合键填充前景色，如图 10-2 所示。

图10-2

第4步 按住 Shift 键由左至右拖动鼠标填充渐变，如图 10-4 所示。

图10-4

第5步 单击【图层】面板中的【锁定图层的透明像素】按钮 ▦，分别将前景色调整为橘红色、红色、绿色、蓝色和橙色，使用【画笔工具】为条纹重新着色，如图 10-5 所示。

图10-5

第7步 选取【移动工具】，按住 Alt+Shift 组合键向右侧拖曳图像进行复制，如图 10-7 所示。

图10-7

第9步 在【图层】面板中选中"图层 2"与"图层 2 拷贝"图层，按 Ctrl+E 组合键合并图层，如图 10-9 所示。

第6步 按 Alt+Shift+Ctrl+E 组合键，盖印图层，得到"图层 2"图层，按 Ctrl+T 组合键对图像进行宽度调整，使条纹变细，如图 10-6 所示。

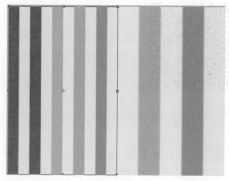

图10-6

第8步 将"图层 2 拷贝"图层下移一层，使用【移动工具】向左移动，将橘红色条纹隐藏在后面，如图 10-8 所示。

图10-8

图10-9

Photoshop CC 图像编辑/调色/人像/抠图/修图/特效/合成（微课版）

　　本节内容将包括使用【椭圆选框工具】绘制选区；执行【滤镜】→【扭曲】→【球面化】命令，为选区添加球面滤镜；调整背景图层角度；执行【滤镜】→【模糊】→【高斯模糊】命令，为背景图层添加模糊滤镜等。

操作步骤 >> Step by Step

第1步 选取【椭圆选框工具】，按住 **Shift** 键创建一个正圆选区，如图 10-10 所示。

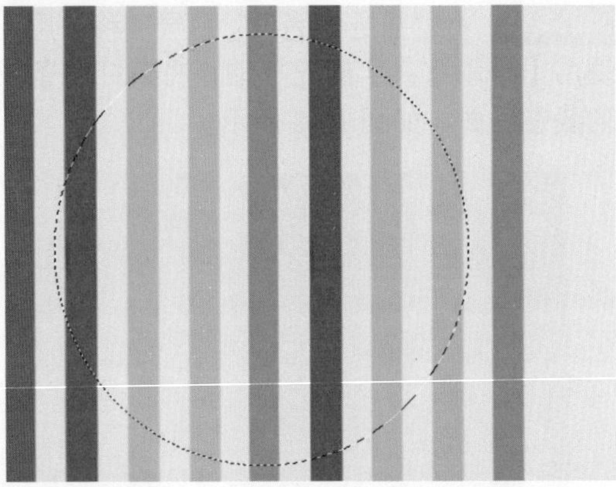

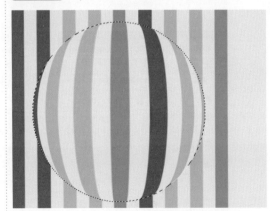

图 10-10

第3步 得到的效果如图 **10-12** 所示。

第2步 执行【滤镜】→【扭曲】→【球面化】命令，弹出【球面化】对话框，**1.** 设置参数，**2.** 单击【确定】按钮，如图 10-11 所示。

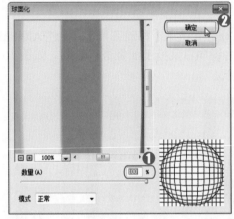

图 10-11

第4步 按 **Ctrl+F** 组合键再次执行该滤镜，加强效果，如图 **10-13** 所示。

图 10-12

图 10-13

第5步 按 Shift+Ctrl+I 组合键反选选区，按 Delete 键删除选区内的图像，按 Ctrl+D 组合键取消选区，如图 10-14 所示。

图10-14

第7步 按 Ctrl+T 组合键，调出自由变换框，将光标放在变换框一角，按住 Shift 键单击并拖动鼠标，将鼠标旋转 30°，将图像放大，如图 10-16 所示。

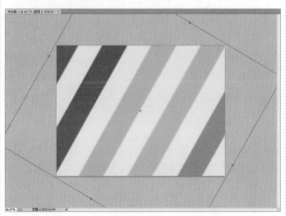

图10-16

第9步 按 Ctrl+J 组合键，复制"背景"图层，设置【混合模式】为【正片叠底】，【不透明度】为 60%，如图 10-18 所示。

第6步 隐藏"图层 2"图层，选择"图层 1"图层，按 Ctrl+E 组合键向下合并，按住 Alt 键双击"背景"图层，将其转换为普通图层，如图 10-15 所示。

图10-15

第8步 执行【滤镜】→【模糊】→【高斯模糊】命令，弹出【高斯模糊】对话框，**1.** 设置参数，**2.** 单击【确定】按钮，如图 10-17 所示。

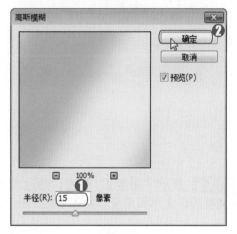

图10-17

第10步 效果如图 10-19 所示。

Photoshop CC 图像编辑/调色/人像/抠图/修图/特效/合成（微课版）

图10-18

图10-19

第11步 按 Ctrl+E 组合键，向下合并图层，如图 10-20 所示。

第12步 执行【图层】→【新建】→【图层背景】命令，将普通图层转换为背景图层，如图 10-21 所示。

图10-20

图10-21

第13步 显示"图层 2"图层，通过自由变换调整圆球大小和角度，如图 10-22 所示。

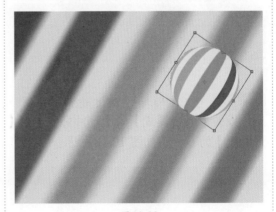

图10-22

Section 10.3　为球体添加阴影与高光并复制

　　本节主要内容包括使用【画笔工具】在球体周围涂抹，为球体四周添加明暗过渡效果；使用【椭圆工具】为球体添加阴影；为球体添加高光；通过【色阶】对话框调整图层色调；复制球体；调整大小和明暗。

操作步骤 >> Step by Step

第1步　新建一个图层，选取【画笔工具】，设置【不透明度】为 100%，按 Alt+Ctrl+G 组合键创建剪贴蒙版，如图 10-23 所示。

图10-23

第3步　新建图层，按 Alt+Ctrl+G 组合键创建剪贴蒙版，选取【椭圆工具】，在工具属性栏中设置【选择工具模式】为【像素】，按住 Shift 键绘制一个黑色的圆形，覆盖住球体，如图 10-25 所示。

图10-25

第2步　在圆球的底部涂抹白色，顶部涂抹黑色，表现出明暗过渡的效果，如图 10-24 所示。

图10-24

第4步　使用【椭圆选框工具】创建一个选区，将大部分圆形选取，仅保留一个边缘，如图 10-26 所示。

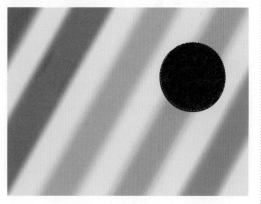

图10-26

Photoshop CC 图像编辑/调色/人像/抠图/修图/特效/合成（微课版）

第5步 按 Delete 键删除图像，按 Ctrl+D 组合键取消选区，如图 10-27 所示。

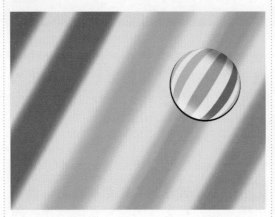

图10-27

第7步 新建图层，选取【画笔工具】，设置【不透明度】为 100%，在【画笔】面板中选择【半湿描边油彩笔】画笔，如图 10-29 所示。

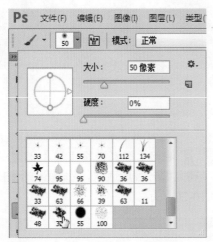

图10-29

第9步 按住 Shift 键单击"图层 2"，选取所有组成圆球的图层，按 Ctrl+E 组合键合并图层，如图 10-31 所示。

第6步 在【图层】面板中单击【锁定透明像素】按钮，选取【画笔工具】，设置【不透明度】为 50%，在圆球边缘涂抹白色，由于【画笔工具】设置了不透明度，因此，在黑色图形上涂抹白色时，会表现为灰色，这就使原来的黑边有了明暗变化，如图 10-28 所示。

图10-28

第8步 为圆球绘制高光，如图 10-30 所示。

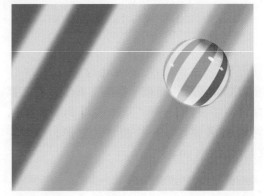

图10-30

第10步 选取【移动工具】，按住 Alt 键拖曳画面中的圆球进行复制，如图 10-32 所示。

图 10-31

图 10-32

第11步 按 Ctrl+L 组合键，打开【色阶】对话框，*1.* 设置参数，*2.* 单击【确定】按钮，使圆球色调变暗，如图 10-33 所示。

第12步 使用同样方法复制圆球，调整大小和位置，最终效果如图 10-34 所示。

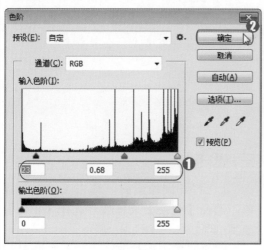

图 10-33

图 10-34

思考与练习答案

第1章

一、填空题

1. 【文件】【关闭】、W
2. 【文件】【退出】、Q

二、判断题

1. 错
2. 对

三、思考题

1. 启动Photoshop程序，单击【文件】菜单，选择【新建】菜单项。

弹出【新建】对话框，设置各选项，单击【确定】按钮，完成建立图像文件的操作。

2. 在Photoshop中打开一张图像，执行【视图】→【标尺】命令，即可打开标尺。

第2章

一、填空题

1. "当前图层"
2. 链接图层、智能对象、图层蒙版图层

二、判断题

1. 错
2. 对

三、思考题

1. 打开素材文件，在【图层】面板中选中"图层2"～"图层5"，单击【图层】菜单，选择【对齐】菜单项，选择【水平居中】子菜单项，被选中的图层素材即可按照水平居中的方式对齐。

2. 鼠标右键单击任意图层，在弹出的快捷菜单中选择【拼合图像】菜单项，即可完成拼合图像的操作。

第3章

一、填空题

1. 分辨率、像素/英寸、像素/厘米
2. 标准屏幕模式、全屏模式

二、判断题

1. 对
2. 对

三、思考题

1. 打开图像素材，单击【编辑】菜单，选择【变换】菜单项，选择【斜切】子菜单项。

图像四周出现控制点，将鼠标指针移至右下角的控制点上，单击并向上移动至合适位置释放鼠标。

按Enter键即可完成斜切图像的操作。

2. 打开图像素材，单击【编辑】菜单，选择【变换】菜单项，选择【透视】子菜单项。

图像四周出现控制点，将鼠标指针移至右上角的控制点上，单击并向下移动至合适位置释放鼠标。

按Enter键即可完成透视图像的操作。

第4章

一、填空题

1. 单色、复杂的图案
2. 无限制、有限制

二、判断题

1. 错
2. 对

三、思考题

1. 打开名为"04-1"的图像素材，使用【矩形选框工具】在图像上建立选区，单击【编辑】菜单，选择【定义图案】菜单项。

弹出【图案名称】对话框，输入名称，单击【确定】按钮。

打开名为"04"的素材文件，在工具箱中单击【魔棒工具】按钮，将图像中间的六边形选中创建选区。

在工具属性栏中，设置填充模式为【图案】，单击【点按可打开'图案'拾色器】按钮，在列表中选择"图案1"选项。设置背景色为白色，按Ctrl+Delete组合键填充前景色。

移动鼠标指针至白色区域，单击鼠标左键，填充图案，并取消选区。

2. 打开名为"蜡烛"的图像素材，单击【图像】菜单，选择【自动色调】菜单项。

通过以上步骤即可完成使用【自动色调】命令调整图像颜色的操作。

第5章

一、填空题

1. 商品图、人像图、新闻图
2. 暗角、"失光"

二、判断题

1. 对
2. 错

三、思考题

1. 打开图像素材，新建【曲线1】调整图层，展开【属性】面板，设置参数。

单击【绿】下拉按钮，在弹出的列表中选择【红】选项，在曲线上添加一个节点，设置参数。

新建"选取颜色1"调整图层，展开【属性】面板，单击【颜色】右侧的下拉按钮，选择【绿色】选项，设置参数。

单击【颜色】右侧的下拉按钮，选择【青色】选项，设置参数。

新建"色阶1"调整图层，展开【属性】面板，设置各参数。

新建"自然饱和度1"调整图层，展开【属性】面板，设置各参数。

展开【历史记录】面板，新建"快照1"选项。

执行【图层】→【拼合图像】命令，即可完成恢复图像色调的操作。

2. 打开名为"街道"和"向日葵"的素材，选择"街道"素材，将其设置为当前文档，执行【图像】→【调整】→【匹配颜色】命令。

弹出【匹配颜色】对话框，在【图像选项】区域设置参数，单击【源】下拉按钮，选择【向日葵】选项，单击【确定】按钮。通过以上步骤即可完成匹配两张照片颜色的操作。

第6章

一、填空题

1. 矩形、正方形、椭圆、正圆、不规则形状、直线、边界

2. Shift+Alt

3. Ctrl+H

二、判断题

1. 对

2. 错

3. 对

三、思考题

1. 打开素材图像，单击工具箱中的【矩形选框工具】按钮，在编辑窗口中单击并拖动鼠标绘制选区。

按Ctrl+J组合键，复制选区内的图像，建立一个新图层，并隐藏"背景"图层。通过以上步骤即可完成使用【矩形选框工具】抠图的操作。

2. 打开素材图像，单击工具箱中的【磁性套索工具】按钮，在水果边缘单击，沿着其边缘移动光标，Photoshop会在光标经过处放置一定数量的锚点来连接选区。

将光标移至起点处，单击可以封闭选区，按Ctrl+J组合键，复制选区内的图像，建立一个新图层，并隐藏"背景"图层。通过以上步骤即可完成使用【磁性套索工具】抠图的操作。

3. 打开素材图像，按Ctrl+A组合键，全选图像。

单击【编辑】菜单，选择【描边】菜单项。

弹出【描边】对话框，设置【宽度】为20像素，【颜色】为绿色（RGB为43、122、18），单击【确定】按钮。

按Ctrl+D组合键取消选区，可以看到选区已经被描边。

第7章

一、填空题

1. 【钢笔工具】

2. 【编辑】、【清除】

二、判断题

1. 对

2. 对

三、思考题

1. 新建图像，使用【自定形状工具】创建路径。

单击【路径选择工具】按钮，按住Ctrl+Alt组合键的同时，单击并拖动路径至合适位置，即可复制路径。

2. 打开图像素材，在【图层】面板中拖动"背景"图层至面板底部的【创建新图层】按钮上，复制一个图层。

在【路径】面板中选择"工作路径"，单击【图层】菜单，选择【矢量蒙版】菜单项，选择【当前路径】子菜单项。

在【图层】面板中隐藏"背景"图层，即可完成利用矢量蒙版抠图的操作。

第8章

一、填空题

1. 黑色

2. 古典特效

二、判断题

1. 对

2. 对

三、思考题

1. 打开图像素材，双击"背景"图层，弹出【新建图层】对话框，单击【确定】按钮。

得到"图层0"图层，执行【图像】→【画布大小】命令，弹出【画布大小】对话框，设置参数，单击【确定】按钮。

新建名为"图层1"的图层，调整"图层1"至"图层0"下方，设置前景色为白色，并填充前景色。

双击"图层0"图层，弹出【图层样式】对话框，选择【描边】选项，设置参数，单击【确定】按钮。

通过以上步骤即可完成制作黑色边框的操作。

2. 打开图像素材，新建"亮度/对比度1"调整图层，展开【属性】面板，设置参数。

新建"自然饱和度1"调整图层，展开【属性】面板，设置参数。

按Ctrl+Alt+Shift+E组合键，盖印图层，得到"图层1"图层，执行【滤镜】→【滤镜库】命令，弹出【滤镜库】对话框，展开【艺术效果】面板，选择【水彩】滤镜，设置参数，单击【确定】按钮。

通过以上步骤即可完成制作水彩画效果的操作。